装备科技译著出版基金

船舶磁特征的消减
Reduction of a Ship's Magnetic Field Signatures

［美］约翰·J. 福尔摩斯（John J. Holmes） 著

王飞 孙玉东 苏常伟 译

国防工业出版社

·北京·

著作权合同登记　图字：军－2019－017 号

图书在版编目（CIP）数据

船舶磁特征的消减/（美）约翰·J. 福尔摩斯
（John J. Holmes）著；王飞，孙玉东，苏常伟译.
北京：国防工业出版社，2024.9. -- ISBN 978 - 7 - 118
- 13445 - 2

Ⅰ. U661.3

中国国家版本馆 CIP 数据核字第 2024FG4581 号

Original English language edition published by Morgan & Claypool Publishers
Reduction of a Ship's Magnetic Field Signatures
Copyright © 2007 Morgan & Claypool Publishers
The simplified Chinese translation rights arranged through Rightol Media(本书中文简体版权经由锐拓传媒取得 Email：copyright@ rightol.com)

※

国防工业出版社出版发行

（北京市海淀区紫竹院南路 23 号　邮政编码 100048）
北京虎彩文化传播有限公司印刷
新华书店经售

＊

开本 710×1000　1/16　印张 4　字数 62 千字
2024 年 9 月第 1 版第 1 次印刷　印数 1—1000 册　定价 58.00 元

（本书如有印装错误，我社负责调换）

国防书店：(010)88540777　　书店传真：(010)88540776
发行业务：(010)88540717　　发行传真：(010)88540762

目 录

1 引言 ······ 1
   参考文献 ······ 6

2 被动磁隐身技术 ······ 7
   2.1 铁磁特征的被动消减 ······ 7
   2.2 横摇感应电涡流磁特征的被动消减 ······ 19
   2.3 腐蚀相关磁特征的被动消减 ······ 27
   2.4 杂散场特征的被动降低 ······ 32
   参考文献 ······ 36

3 磁特征的主动抵消 ······ 38
   3.1 消磁系统设计 ······ 38
   3.2 消磁线圈的校准与控制 ······ 43
   3.3 腐蚀电磁场的主动衰减 ······ 50
   3.4 闭环消磁 ······ 52
   参考文献 ······ 55

4 总结 ······ 56
   参考文献 ······ 59

1 引　　言

降低海军舰船的磁特征不仅会减小其引爆水雷的灵敏度,对于潜艇,还会降低其被水下探测系统和海上巡逻机发现的概率。这种用于实现以上目的的海军应用技术也称为磁隐身。将舰艇的磁特征降低到水雷或潜艇探测系统的检测阈值以下,会减小它们对于舰艇的威胁;而且,即使磁特征的减少量低于100%,仍然可以取得重要的军事效益。

为了对抗水雷的威胁,将舰艇磁隐身与扫雷、猎雷联合使用,具有协同增益效应。如果将舰艇的磁特征降低到海底水雷无法成功探测的水平,则在作战舰艇进入冲突水域之前,无须对这些军事对抗区域执行扫雷或猎雷任务。因此,可以在强制介入期间节省大量时间,并为成功完成任务节省相应的水雷对抗资源。当然,在冲突结束后,必须完全清除所有水域的水雷,以便没有装备磁隐身系统的商船能够安全通过。

在浅水域,减小舰艇的磁特征会降低雷区的有效密度。这意味着,如果舰艇磁特征幅值减小,则浅水域雷区的设计人员必须设法提高所部署水雷的探测灵敏度,以免在武器爆炸装药的损伤半径范围内错过目标船只。若不能有效提高水雷的探测灵敏度,则可能会导致整个雷区发生灾难性的后果,即对过往船只造成很小的威胁或者根本不构成威胁。若雷区设计人员成功提高了水雷针对目标船只磁特征的灵敏度,则敌方扫雷系统针对己方水雷的探测能力也会相应获得提升。因为,此时对于更灵敏的水雷,扫雷系统的扫掠宽度获得提升,即需要更少的扫雷通过(更短的时间)即可达到后续特遣部队所期望的风险水平,或者为成功完成任务所需的扫掠平台可以更少。最后,配备先进磁特征补偿系统的海军舰艇能够改变自身磁场的空间和时间特征,并产生可能干扰水雷正常工作的信号。水雷干扰是一种对抗手段,可以阻止水雷根据预编程逻辑进入爆炸决策点,从而保证船只在水雷周边能够安全航行。

对潜艇而言,鉴于隐身性的要求不能使用扫雷技术,因而通常要求其磁特征显著低于水面舰船。这种情况下,潜艇通过使用水雷干扰的信号补偿系统,改变自身磁场的空间和时间特性以迷惑水雷就显得非常必要。

浅水域的恶劣声环境使得利用电磁场信号探测潜艇成为研究热点。过去,一般使用安装在海底的大型导电回路作为水下磁屏障,防止潜艇进入重要的港口或海军设施。现在,借助先进的传感和信号处理技术,已经开发出可以用于以上区域的便携式水下磁屏障。另外,低功耗、高灵敏度磁场传感器的小型化,使得磁异常检测(magnetic anomaly detection,MAD)系统可以装备在成本低廉的长续航无人飞行器(unmanned air vehicles,UAV)上,采用集群作战策略,这些装备有磁异常检测系统的无人飞行器,在受控的合作搜寻模式下,可以在较大的浅海域对安静型潜艇进行监测。

海军作战任务从深水域向浅水域的转变,使得控制水面舰和潜艇的磁特征变得更为重要。在超低频带(0~3Hz)主要有四种与舰艇有关的磁源:

(1)建造舰艇所使用的钢铁在地球固有磁场中感应的铁磁性;

(2)(磁或非磁)舰载导电材料在地磁场中转动所产生的电涡流;

(3)由于电化学腐蚀或者用于防腐蚀的阴极保护系统产生的流经导电壳体和周围海水中的电流;

(4)流经电动机、发电机、分布式电缆、开关设备和短路器的电流以及其他可在舰艇上的主动电流。

尽管文献[1]对这些磁源有比较深入的讨论,但是为了方便理解将要讨论的磁特征消减技术,首先概述每个磁源的物理原理。

舰艇上最重要的磁场特征是由建造舰艇壳体、内部结构及机械设备的铁磁材料磁化导致的。可以将铁磁源分为感应磁化和固定磁化两类。舰艇的感应磁特征是由建造舰艇所使用的钢铁使地球均匀磁场变得扭曲所导致,在舰艇通过水雷、水下磁屏障或配备有机载磁异常探测(MAD)传感器的飞机飞过潜艇时,这种地磁场的异常会作为一种超低频(ULF)信号被探测到。这种感应磁场以及有关的辐射特征,会随舰艇的俯仰角、前进方向以及所处纬度和经度的变化而变化。另外,由于舰艇本质上承受机械应力,从而所产生的部分感应磁场会被保留下来,成为固定磁场或随时间缓慢变化的剩余磁场。铁磁场一般主导水面舰艇或潜艇的磁特征,因而,降低铁磁场特征是设计磁隐身系统需要考虑的首要因素。

电涡流是水面舰艇的舰载导电材料由于舰艇在地磁场中横摇导致的,即使铝、不锈钢和钛等导电金属不属于铁磁材料,由这些材料建造的舰艇同样会产生电涡流。由电涡流所产生的磁场同样可以被水雷探测到,属于舰艇的第二重要磁特征。

排在第三位、少为人所知的磁源是腐蚀电流,其流经舰艇或者存在于水面舰、潜艇壳体的周围。当舰艇的钢制壳体与镍-铝-铜(nickel-aluminum-bronze,NAB)所制螺旋桨形成导电回路并浸没在海水中时,由于电位差会形成电池。腐蚀电流的主要流经回路是从舰艇壳体开始并通过海水流到螺旋桨,接着流经轴、轴承和驱动机构并最终回到壳体。腐蚀电流所产生的磁场同时包含静态和动态两种磁特征。

通常使用阴极保护系统防止舰艇壳体腐蚀。其原理是通过将阳极材料转换为阴极材料,实现对壳体的腐蚀防护。目前,现代海军舰艇上所使用的腐蚀防护系统有被动阴极保护系统和外加电流阴极保护(impressed current cathodic protection,ICCP)系统两种。其中,被动阴极保护系统由大量焊接在壳体上的锌棒组成。锌的电位比钢的电位高得多,当附着在壳体上时可以作为阳极,而壳体则变为阴极不再生锈。锌棒本身会发生腐蚀,通过定期更换可以持续防止壳体腐蚀。

外加电流阴极保护系统主要应用在大型舰艇上。与被动阴极保护系统不同的是，外加电流阴极保护系统的阳极由含有铂金涂层的电线或棒组成，这些电线或棒安装在壳体上绝缘罩的内部。外加电流阴极保护系统的阳极与内部电源相连，返回引线接地到船体。外加电流阴极保护系统阳极通过主动向海水中泵入电流，将壳体转换为阴极。必须持续调整外加电流阴极保护系统阳极端的电压，以确保有充足的电流在流动以防止壳体腐蚀，同时不让过多的电流进入壳体以防止壳体发生氢脆反应而减弱壳体强度。银-氯化银电极称为参比池，分别安装在船体的几个不同位置，用于监测阳极电流的影响并进行相应的调节。舰艇的外加电流阴极保护系统自动调整阳极电流，直到参比池测量得到相对于船体的指定电位（设定电位）。通常，海军外加电流阴极保护系统的设定电位在相对于船体电位-800~850mV的范围内。

阴极保护系统，尤其是外加电流阴极保护系统会向海水中注入大量电流，这些电流会沿与舰艇纵向平行的方向流经壳体。壳体和桨轴电流是舰艇外部与腐蚀相关磁场（corrosion-related magnetic，CRM）特征的主要来源。当推进轴旋转时，轴与轴承之间接触阻抗的变化会对腐蚀电流产生调制作用。轴调制电流使腐蚀相关的交变磁场在旋转轴的基频上叠加上谐频分量。可以根据右手定则将舰艇的CRM磁源表征为直流和交流的纵向电偶极子周围的磁场。

最后一种主要的舰载磁源是杂散场源。杂散场磁特征由舰艇上任意通电的电路产生。较大的杂散场由舰艇的电磁机械和配电系统产生。高功率发电机、电动机、开关设备、断路器以及分布电缆等连接线路均可辐射直流或者交流场。

在不久的将来，磁杂散场特征的幅值和重要性均会增加。使用非磁性材料，如铝或不锈钢建造海军舰艇会降低壳体的有效磁屏蔽能力。同时，美国海军已决定开发一种"全电动"船，该船将使用大型电动机推进。由于电动机功率可能超过30MW，因此会有非常高的电压，更重要的是会有非常大的电流在电力系统内部流动。如果将电动机安装在铁质船体的外部,则由于不存在屏蔽,问题会变得更加严重。在评估舰艇对磁场检测的真实灵敏程度时,必须将直流和交流杂散场特征分量与其他三个磁源同时考虑。

舰艇和舰艇系统设计的每个方面几乎都会影响水下电磁特征。船体形状、横摇特性以及舱壁和甲板的几何形状会影响舰艇的铁磁场和涡流场分量。所有用于建造舰艇与潜艇材料的磁特性和电特性是考虑铁磁场、涡流场和腐蚀相关磁场特征需要关注的主要因素。螺旋桨和推进系统设计以及舰艇的阴极保护系统布置会影响由其产生的与腐蚀相关的磁特征。设计高功率(高电流)电动机、发电机和配电子系统及部件所采用的不同方法,可能增强、也可能消除杂散场的特征。降低水下电磁特征技术的发展,不是可以与整个舰艇及其系统设计分开的孤立过程,必须全面综合考虑,才能以最低的成本实现最优的磁隐身性能。

对舰艇磁特征的控制,必须建立在对各种磁源的物理特性深刻理解的基础上,从而能够以最低的成本和对舰艇的最小改动来实现。可以使用主动和被动磁隐身技术,降低舰艇的铁磁场、横摇导致的电涡流、腐蚀相关的磁场以及杂散场导致的磁特征。首要准则是,在考虑使用主动磁隐身技术之前,尽量使用技术上可行、成本上可接受的被动手段降低磁特征。例如,使用非磁和非导电材料建造舰艇,可以将由铁磁、电涡流和腐蚀磁场共同导致的磁特征降低40dB(为保证机械设备、武器的正常工作需要保留一定的铁磁材料)。另外,设计高功率推进电机、发电机以及其他配电系统时,若能够充分考虑磁特征的削弱,则可大幅降低杂散场特征且不会明显影响舰艇结构。最终,使用主动消磁技术,可以在以上磁特征削减的基础上,进一步使磁特征降低 20~40dB。

主动磁补偿系统试图人为产生一个幅值和形状与舰艇的未补偿磁场相同、极性相反的磁特征。舰艇补偿场与未补偿场通量模式的叠加,会得到幅值较小的净磁特征。利用称为消磁系统的舰载磁源的受控阵列,可实现对舰艇的铁磁、涡流和杂散场的主动补偿。腐蚀相关磁特征，可以通过沿艇体放置的受控电流源即退磁系统进行对消。主动磁场对消系统的一个缺点是需要一个实时监测系统，该监测系统可以检测舰载磁源向量分量的变化，以便可以重新调整补偿系统，以使舰艇终保持较低的磁特征。

  本篇介绍被动和主动磁隐身技术，以及用于研究磁隐身技术有效性的简单计算模型。将通过感应磁化的长椭球壳模型，证明改变艇体材料磁性能的益处。将推导并运用圆柱壳数学模型，证明可以通过使用导电性较差的艇体材料和提高舰艇横倾稳定性，实现涡流磁特征的减少。使用简单偶极子模型，可以充分证明减少腐蚀相关磁场和杂散场的技术的有效性。与主动磁特征补偿系统调整（校准）相关的稳定性问题，将在数学上与用于使过程正则化的技术一起进行验证。最后，将简要介绍用于定期监测和校准补偿系统的水下传感器和固定设施，以及闭环消磁的舰载自监控系统。

参考文献

[1] J. J. Holmes, *Exploitation of a Ship's Magnetic Field Signatures*, 1st edn. Morgan & Claypool Publishers, Denver, CO, 2006. doi:10.2200/S00034ED1V01Y200605CEM009.

[2] R. Tiron (2006, April). Gulf Nation Poised to Lead Region in Production of Unmanned Aircraft. National Defense Industrial Association. Arlington, VA. [Online]. Available: http://www.nationaldefensemagazine.org/issues/2005/Apr/Gulf_Nation.htm.

2 被动磁隐身技术

2.1 铁磁特征的被动消减

影响舰艇铁磁特征的两个主要因素是建造舰艇所使用材料的尺度和磁导率。传统上,为满足水动力要求,舰艇的长宽比一般在10∶1左右;现在,非传统的壳体尺寸,如具有长宽比4∶1的舰艇也在建造中[1]。然而,在舰艇体积和材料特征均不变的情况下,长宽比的变化几乎不影响磁特征,这可以使用一个简单的例子进行证明。

正如Holmes[2]所阐述的,舰艇或潜艇的远场磁特征与其偶极矩成正比。使用磁导率远大于自由空间($\mu_0 = 4\pi \times 10^{-7}$ H/m)的圆柱体模拟舰艇,则等效纵向磁偶极矩和横向矩分别近似为[3]

$$m_l = \alpha_l H_l, \quad m_t = \alpha_t H_t \tag{2.1}$$

式中:α_l、α_t 分别为圆柱的纵向和横向磁极化率;H_l、H_t 分别为地球感应磁场在圆柱上的纵向和横向的分量。当舰艇长宽比为10∶1时,α_l 和 α_t 分别为1.06倍和1.94倍圆柱体积;当舰艇长宽比为4∶1时,α_l 和 α_t 分别为1.16倍和1.85倍圆柱体积(Fogiel,2007)。假设舰艇有两种长宽比,并且具有相同的体积,则可以忽略磁偶极矩和远场磁特征的变化。

如上例所示,舰艇或潜艇的远场磁特征随舰艇尺寸或体积的减小而成比例减小。过去,通常不使用这种方法减少舰艇的磁特征,因为较小的舰艇尺寸通常意味着较低的承载能力。然而,目前鉴于建造速度更快水面舰艇的发展趋势,采用这种方法降低磁特征的优势也在增加。例如,小于DDG 51级驱逐舰三分之一的濒海战斗舰

(littoral combat ship, LCS)就具有不可比拟的低磁特征。

舰艇壳体影响艇外磁特征的一个显著因素是壳体厚度,Holmes[2]给出了长椭球壳感应纵向磁场(ILM)的方程,并将其用于证明壳体厚度、磁导率和感应特征之间的关系。鉴于长椭球坐标系的特点,壳两端的厚度与中间相比会更小。因此,在此示例中会在两个位置分别指定壳体厚度。

在舰艇壳体厚度的典型取值范围内,艇外磁特征近似与壳体厚度成比例。图2.1和图2.2是对于长椭球壳两端与中间厚度分别为0.5/3cm、1/5cm和1.5/8cm、2/10cm时的垂直和纵向磁场。对于全部情形,壳体的外部尺寸取值均为长100m和直径20m,相对磁导率($\mu' = \mu/\mu_0$)为90(HY80钢)。沿长椭球纵向轴的感应场为55000nT,所计算的磁特征为位于长椭球轴的正下方20m处。如图2.1所示,壳体厚度的改变可使磁特征幅值降低到原来的1/4～1/3。

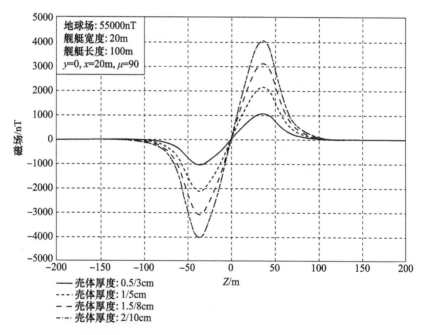

图2.1 不同厚度长椭球壳体纵向感应磁化产生的垂向磁特征

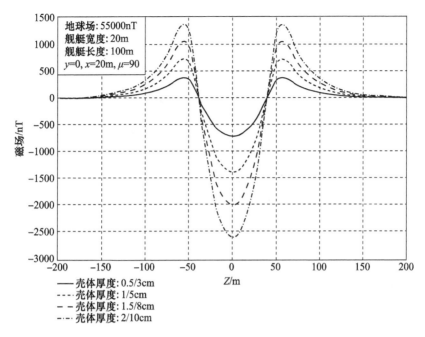

图 2.2 不同厚度长椭球壳体纵向感应磁化产生的纵向磁特征

对被动降低舰艇或潜艇磁场特征影响最大的设计参数是建造所使用材料的磁导率常数。正如 Holmes[4]所讨论的,历史上海军舰艇基本上均使用装甲钢板建造,目的是提升其在炮火袭击下的生存能力;而且在现代,装甲的大量使用进一步降低其面对导弹、鱼雷和水雷攻击时的脆弱性。装甲合金钢板的主要元素是铁,是铁磁性的来源。然而,目前现代冶金技术的发展已经能够生产出用于海军舰艇的非磁性替代材料。

铁的铁磁性是通过元素第三轨道中的旋转电子产生的。旋转的带负电电子产生双极磁源,其轴可以指向两个方向中的任意一个,分别称为上旋或下旋。在铁、钴和镍等铁磁元素的原子中,除第三轨道外,所有轨道都填充有数量相等的上、下旋转电子。铁的第三轨道的四个不成对电子具有净非零磁自旋矩,并且可以影响相邻原子中不成对的第三个电子。

除了在第三轨道具有不成对电子外,铁磁材料的相邻原子必须在晶体结构内以有利于未配对电子之间交换能量并影响彼此自旋的距离间隔分布。如果原子间隔太近,则它们呈现负能量交换并且是非磁性的;如果间隔太远,则对相邻原子的影响太小,会形成弱铁磁性材料。只有在原子的第三轨道具有不成对电子,且在晶体中以适当的距离间隔分布以进行正能量交换的元素,才会形成铁磁性材料。

元素的合金化会通过调整晶体结构改变其铁磁性质。例如,如果锰与铜或者铝和锡形成合金,则其原子间距增加,会形成铁磁化合物,尽管这些构成元素本身都不是铁磁性的。如果铁与较大量的铬和镍形成合金,则所得到的钢具有非磁性,因为其原子构型不支持原子间形成有利的能量交换。

用较大量的铬锻造的钢称为不锈钢,其不仅非常耐腐蚀,而且具有非常低的磁导率常数。通过调整铁、铬、镍、碳、氮和合金化过程中所使用的其他元素的比例,可以得到许多种不同类型的不锈钢。但是,并非所有的不锈钢都是非磁性的,一些马氏体不锈钢(高碳不锈钢)仍然具有铁磁性,而一些奥氏体钢(较高的铬含量)可以具有非常低的磁导率。冷加工或冷焊时,一些奥氏体钢,如304不锈钢,会形成马氏体穴,增加整体磁导率。

以前和现在,舰艇均由具有各种不同磁导率的材料建造。表2.1为几种常见造船材料的磁导率。

表2.1 几种常见造船材料的相对磁导率

材料	相对磁导率
高强度钢	180
HY80 钢	90
冷轧304 不锈钢	10
AL6XN 不锈钢	1.01
EN1.3964 不锈钢	1.01
纯铝	1.00
纯钛	1.00
木材	1.00
碳纤维	1.00

即使高强度钢(HSS)的相对磁导率是现代装甲船体板的典型值,已经测量得到接近300,而HY80钢似乎在一定数值上变化较小[5]。304不锈钢在初始锻造时的相对磁导率接近1,冷轧后则可达到10[6]。表2.1还列出了两种新型的超级奥氏体不锈钢,即AL6XN不锈钢和其在欧洲的等效品 EN 1.3964不锈钢。这两种钢都具有很强的耐腐蚀性,相对磁导率实际上为1(AL6XN的技术性能参见文献[7],EN 1.3964的技术性能参见文献[8])。表2.1所列出的后六种材料均可以认为是非磁性的。

使用低磁导率材料建造舰艇可以显著减少艇外磁特征,这可以通过上面的长椭球壳实例进行证明。对于船长和船宽上壳的厚度分别为1cm和5cm的情形,采用HSS、HY80钢、冷轧304不锈钢以及非磁性材料($\mu'=1$)的情况,其垂向和纵向磁特征分别如图2.3和图2.4所示。从图中可以发现,显著减少舰艇静态磁特征的最佳手段是在建造中大量使用非磁性材料。

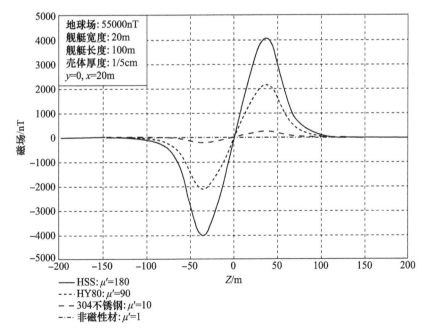

图2.3 长椭球壳体改变磁导率时由感应纵向磁化产生的垂向磁场特征

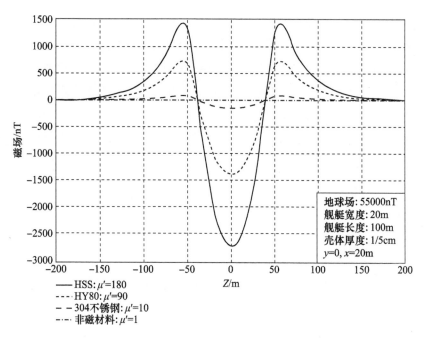

图 2.4 长椭球壳体改变磁导率时由感应纵向磁化产生的纵向磁场特征

目前,有几类舰艇和潜艇已经或正在使用非磁性材料建造,如图 2.5 所示,美国高速水面舰(HSV)和 LCS[1]主要由铝制造,德国的 212 型潜艇由 EN 1.3964[8]制造,俄罗斯的"阿尔法"级潜艇由钛[9]制造。美国 MCM-1 级扫雷艇的外壳由木头和玻璃纤维制造(图 2.6),瑞典的"克尔维特"HMS VISBY 采用碳纤维结构[10],后两个例子不仅是非磁性的,而且具有非常高的电阻,与金属壳体舰艇相比,可以最大限度地减少由横摇引起的电涡流所产生的磁特征,这点将在后面讨论。

尽管壳体、舱壁以及甲板等可以采用非磁性材料制造,但是一些船用机械设备或武器系统为了正常运行,必须使用铁磁材料制造。机器,例如发动机和舰艇推进系统的一部分,必须由铁磁钢制成,以保证能够在高温和高应力环境中可靠运行。炮和其他武器系统中的部分组件同样如此。另外,电动机和发电机以及诸如变压器和断路器的配电设备的部分组件需要由铁磁材料构成,以便正常操作。由于这些原因,船体和结构完全由非磁性材料制成的海军船只仍然具有铁磁场特征,尽管幅值会显著减小。

(a) 美国的HSV

(b) 美国的LCS

(c) 德国的212型潜艇

(d) 俄罗斯的"阿尔法"潜艇

图2.5 使用非磁性材料建造的海军舰艇

(a) USS"复仇者"MCM-1
(木材和玻璃纤维壳体,长度68m,排水量1300t,速度14kn)

(b) "克尔维特"HMS VISBY(碳纤维壳体,长度73m,排水量600t,速度35kn)

图2.6 使用非导电材料建造的海军舰艇

可以使用长椭球壳模型计算评估船上各个设备的铁磁场。例如,假设一种比较恶劣的情况,该模型包括一个完全为固体的机载物品,其相对磁导率为500,长度与直径之比为4,地球的纵向感应场为55000nT。在各种长度情况下计算艇外正下方20m处的磁特征,图2.7和图2.8分别为其垂向和纵向感应磁场分量。虽然单个情形的磁场幅值远小于整个铁磁性船体的磁场幅值,但其不等于零。此

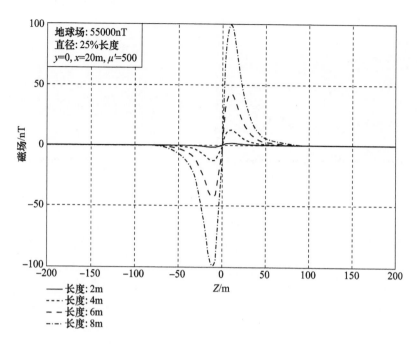

图 2.7 长椭球体改变尺寸时由纵向感应磁化产生的垂向磁场特征

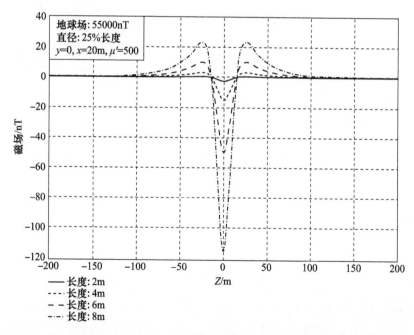

图 2.8 长椭球体改变尺寸时由纵向感应磁化产生的纵向磁场特征

外,非磁性船体的舰艇可以装备许多磁性设备,其磁场叠加在一起会形成一个相当大的艇外净铁磁特征。事实上,扫雷舰可以拥有100多个固定安装的磁性设备。如果不能使用非磁性的功能等效部件替换这些设备或部件,且舰艇的整体磁特征高于规定值,就必须采用主动磁场消除技术(消磁系统)将磁特征降低到所需水平。

完全使用磁钢建造的舰艇和潜艇包含感应磁化和固定磁化两种铁磁成分,后者可以使用被动磁隐身技术进行消除。固定或残存的磁化是外部感应磁场变化时材料内部磁场仍然保持恒定的部分。材料磁化作为外部施加磁场的函数会形成被称为滞后曲线的高度非线性曲线[2]。

磁性材料在外部机械应力和高温的作用下,磁域会重新排列,导致舰艇固定磁化的变化,从而使水面舰艇或者潜艇建造完毕离开船坞时会携带有大量的固定磁化。另外,潜艇由于深潜所受到的典型壳体应力会累积形成比较可观的固定磁化。

去磁技术可以用于降低水面舰和潜艇的固定磁化。对舰艇进行的针对固定磁化的消磁过程称为退磁,通常由海军机构拥有和操作的磁处理设施进行。图2.9为在加利福尼亚州圣地亚哥海军消磁站对USS Higins(DDG-76)进行消磁时的情形,图2.10为Jimmy Carter(SSN-23)号停泊在位于华盛顿州班戈的Kitsap Bangor海军基地的消磁站[11]时的情形。从图2.8可以发现,防护电缆缠绕在船体周围,故称类似圣地亚哥这种消磁站位为闭合缠绕式处理设施。而Bangor站显而易见被称为驶入式设施。在每个处理滑道的下方和周围的海底上布放一系列磁通门磁力计,用于监测和控制退磁过程。此外,该传感器系统测量并记录舰艇的最终磁特征,以确定其是否符合磁隐身规范。所有系统在水面舰或潜艇进入之前必须进行校准。

鉴于厚钢壳的非线性滞后特性,使得舰艇的退磁处理过程变得复杂。当舰艇或潜艇首次到达退磁滑道时,其纵向和横向固定磁化可以指向正方向或负方向,这取决于舰艇的磁化历史。磁化历史指通常由多次机械应力循环形成的海军舰船固定磁化的变化顺序。固定磁化

图2.9 USS Higins(DDG-76)使用闭合缠绕式方式退磁

图2.10 USS Jimmy Carter(SSN-23)级潜艇使用驶入式方式退磁

变化的幅度和方向,主要取决于作用在舰艇磁材料上的应力(压缩、拉伸或扭转)的数量、分布和类型,以及每个应力周期所存在的地磁场的大小、方向以及磁滞曲线的起点。可以想象,实际上不可能对固定磁化中的这些变化进行跟踪。

相比于水平分量，舰艇固定磁化垂直分量的极性分量更易预测。主要在北半球磁场中航行的舰艇通常积累净正（向下指向）固定磁化，因为在应力周期内其在北纬地区经历一致向下指向的地球磁场，而在南半球度过大部分时间的舰艇倾向于积累负指向的垂直固定磁化向量。穿过磁赤道的舰艇在到达退磁站时，则可能具有或正或负的垂向固定磁化。

一般而言，舰艇退磁的目的是最小化其纵向、横向和垂直固定磁化成分。然而，在某些情况下，会有意只对舰艇进行垂向退磁。如果舰艇在特定磁纬度的小区域中航行，则可以在船上有目的地设置垂向退磁，以抵消航行区域中的感应垂直磁化，这种去除技术称为闪式消磁。此外，为了简化消磁线圈设计，舰艇在垂直方向上会被故意磁化以产生与壳体之间一致的磁化分布。

首先沿纵轴以循环方式施加大的正磁场和负磁场，然后缓慢减小磁场幅值，可以使水面舰艇或潜艇退磁。使数千安的电流通过闭合缠绕式或驶入式的螺旋管线圈，可以产生大的循环退磁电场。如果在零背景场内施加被称为射流的循环磁场，则可将固定磁化向量全部最小化。如果在射流期间舰艇上施加直流（DC）偏置场，则将在偏置方向上得到固定磁化。在退磁式磁隐身技术介绍中，将假设使用零偏置使所有磁化向量分量最小化。

使用磁滞曲线能够以最简单的方式解释舰艇的退磁过程。在该示例中，舰艇到达退磁站时具有大的负固定纵向磁化强度（PLM），退磁站会尽可能将该固定纵向磁化强度减小到零。首先，抵消地球磁场，使船上的净偏置场接近零，这通过向纵向闭合缠绕式或驶入式的螺旋管线圈（也称为 x 环）注入小的偏置电流实现，以将背景场的那个分量归零。由于退磁设备在磁南北方向建造，因此不需要横向偏置。通过一个大的水平环路（也称为 z 环路）实现对地球磁场垂直分量的对消，该环路安装在海底或被整合到设施的结构中。该磁性状态在图 2.11 中磁滞曲线上的位置标记为点 1。

在将水面舰艇或潜艇的背景场归零后，就可以开始进行退磁操作。在此例中，第一次对固定磁化的射流消磁，通过使数千安电流流过 x 环以便沿着舰艇的纵轴产生大的正磁场，同时精确保持消除地球场所需的较小偏置电流实现。当施加这个大的射流到顶部时，舰艇的磁化将移动到图 2.11 中的点 2，理想情况下应该接近舰艇钢的正饱和水平。顶部射流电流和场通常会保持约 1min，以确保所有涡流均已消失并且退磁场完全穿透船体。在施加如此大的电流后，必须让 x 环电缆冷却几分钟，再开始下一次顶部射流。

本例中的第二个顶部射流将处于负方向，与第一个的极性相反。第二次射流会将舰艇的磁化点 2 移动到图 2.11 中的点 3，接近负饱和水平。在另一个电缆冷却期之后，第三个顶部射流会将舰艇磁化移动到点 4，理想情况下会处于点 2 附近。显而易见，在退磁阶段，无论起点（点 1）位于何处，舰艇的磁化都会在点 4 结束。即使初始固定磁化是正的，指定的三个顶部射流仍然会将磁化带回到点 4 附近。

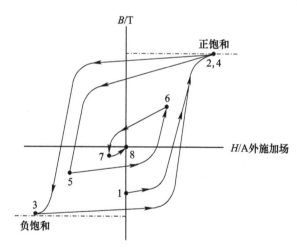

图 2.11 舰艇经历退磁过程所产生的磁滞模式

在完成顶部射流之后，退磁场的极性交替循环，同时幅值减小。在此例中，随后的较低量级的退磁射流会将舰艇的磁化顺序从点 4 移动到点 5、点 6 和点 7，理想情况下最终会移动到原点 8。对于退磁周期结束仍然没有实现零固定磁化的情况，则有许多实际原因，其中一些如下：

(1) 退磁开始时,偏置场未获得正确设置；

(2) 偏置场在退磁过程中漂移；

(3) 顶部射流数量不足；

(4) 循环退磁射流的幅值下降太快。

如果水面舰艇或潜艇的最终磁场状态不符合磁特征要求,则必须重复长时间的退磁过程。Baynes 等[12]使用比例模型对水面舰和潜艇的退磁过程进行了深入研究。

2.2 横摇感应电涡流磁特征的被动消减

某些情况下,未经补偿的横摇感应的电涡流磁场特征会达到与铁磁特征相当的强度,从而使得电涡流磁特征成为舰艇水下磁场的第二大贡献源。任意导电材料切割地磁场的磁感应线即可产生电涡流,无论其是否由导磁材料构成。该过程类似于发电机内部发生的情形,即旋转绕组切割内部的磁感应线。舰载涡流产生自己的磁场,并可以修改叠加于舰艇的铁磁特征,这些特征位于磁感应水雷的超低频通带内。

由铝、不锈钢或钛建造的舰艇在旋转时同样会产生涡流,尽管它们是非磁性的。因此,舰艇本身不必是铁磁性的即可产生涡流以及相关水下磁特征。根据法拉第定律,电涡流密度由下式给定：

$$J = \sigma(v \times B_e) \tag{2.2}$$

式中：σ 为建造舰艇所用材料的电导率；v 为速度向量；B_e 为地球静磁场向量。

原则上,虽然电涡流是由舰艇倾斜或航向改变产生的,但与这里所讨论的横摇感应电流相比,这些成分通常要小得多。

可以使用由导电线缆组成的回路作为模型,说明横摇感应涡流信号的一些重要特征。如果回路在地球磁场中旋转,或者回路保持静止而施加外部交变(AC)磁场,则回路中的感应电流如图 2.12(a)所示,等效电路如图 2.12(b)所示。电路中的源表示由闭环的时变磁通量在回路感应中产生的电压 v_e,由下式给定：

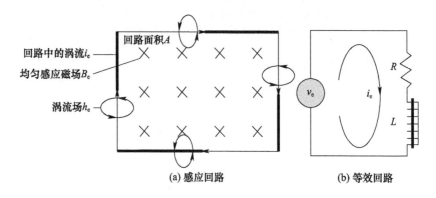

图 2.12　横摇感应电涡流的等效电路

$$v_e = -\frac{\mathrm{d}\Phi}{\mathrm{d}t} \qquad (2.3)$$

式中：

$$\Phi \propto AB_e\theta_{\max}\mathrm{e}^{\mathrm{j}\omega t}$$

$$\omega = 2\pi f$$

其中：A 为回路的面积；B_e 为地球磁场的幅值；$\theta_{\max}$ 为小幅横摇角的最大值；f 为横摇频率。

对简单电路分析可知,导线中的涡流 i_e 以及磁场 b_e 与下式成比例：

$$b_e \propto i_e \propto \frac{-\mathrm{j}\omega AB_e\theta_{\max}\mathrm{e}^{\mathrm{j}\omega t}}{R+\mathrm{j}\omega L} \qquad (2.4)$$

式中：R、L 分别为电路的等效电阻和感抗。

需要注意的是：电涡流场不仅与舰艇的最大横摇角成比例,而且与横摇频率成比例。式(2.4)表明,电涡流及其磁场同时具有实部和正交分量,这一特性在尝试使用主动磁补偿措施时会非常重要。

建造舰艇使用的材料对舰船的涡流特征影响很大,下面将用一个简单的二维实例进行阐述。在此实例中,一个内径和外径分别用 a 和

b 表示的长圆柱导电壳体处于径向幅值为 B_e、频率为 f 的交变磁感应场的作用下(该示例的几何尺寸和坐标如图 2.13 所示);舰船壳体使用电导率为 σ_s、磁导率为 μ_s 的材料,同时假设其外部和内部均为自由空间;所需计算的垂直磁场位于壳体中心下方深度为 d 的位置处。

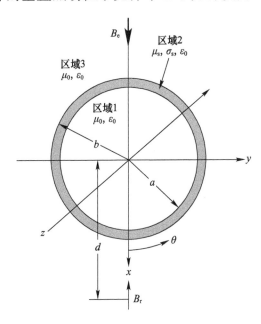

图 2.13 二维横摇导致的电涡流问题的坐标系统

可以使用一种准静态方法求解二维横摇导致的壳体电涡流问题。鉴于问题的对称特性,仅需要计算磁向量势 A 的纵向分量。同时,磁通量密度 $B = \nabla \times A$。正如在式(2.3)中,假设一个时变量 $e^{j\omega t}$,则图 2.13 中三个区域中矢量势的一般解为

$$A_{z1} = \sum_{n=1}^{\infty} r^n [A_n \cos(n\theta) + B_n \sin(n\theta)] \qquad (2.5a)$$

$$A_{z2} = \sum_{n=1}^{\infty} \{[C_n I_n(\gamma_s r) + D_n K_n(\gamma_s r)][E_n \cos(n\theta) + F_n \sin(n\theta)]\}$$

$$(2.5b)$$

$$A_{z3} = B_r r \sin(\theta) + \sum_{n=1}^{\infty} [G_n \cos(n\theta) + H_n \sin(n\theta)] \qquad (2.5c)$$

式中：r 为径向坐标；I_n 和 K_n 是第一类和第二类修正的贝塞尔函数；A_n、H_n 为由边界条件决定的常数；

$$\gamma_s = \sqrt{j\omega\mu_s\sigma_s}$$

$$B_i = B_e\theta_{max}$$

正如 Holmes[2] 所讨论的，边界条件是磁通密度的法向分量和场强的切向分量的连续性。

使用边界条件可以建立方程组求解方程式(2.5a)～式(2.5c)中的未知量，其以矢量势的形式表示为

$$\begin{cases} \dfrac{\partial A_{z1}}{\partial \theta} = \dfrac{\partial A_{z2}}{\partial \theta} \\ \dfrac{1}{\mu_0}\dfrac{\partial A_{z1}}{\partial r} = \dfrac{1}{\mu_s}\dfrac{\partial A_{z2}}{\partial r} \end{cases}, \quad r = a \qquad (2.6a)$$

$$\begin{cases} \dfrac{\partial A_{z3}}{\partial \theta} = \dfrac{\partial A_{z2}}{\partial \theta} \\ \dfrac{1}{\mu_0}\dfrac{\partial A_{z3}}{\partial r} = \dfrac{1}{\mu_s}\dfrac{\partial A_{z2}}{\partial r} \end{cases}, \quad r = b \qquad (2.6b)$$

需要指出的是，仅当方程式(2.5a)～式(2.5c)中的 $n=1$ 的项可以用于匹配通过交变背景场建立的边界条件。令方程式(2.5a)～式(2.5c)中 $n=1$ 并代入到方程式(2.6a)和式(2.6b)，则可以得到如下方程：

$$aB_1 = C_1 I_1(\gamma_s a) + D_1 K_1(\gamma_s a) \qquad (2.7a)$$

$$\frac{1}{\mu_0}B_1 = \frac{\gamma_s}{\mu_s}\left[C_1 I_1'(\gamma_s a) + D_1 K_1'(\gamma_s a) \right] \qquad (2.7b)$$

$$B_i + \frac{H_1}{b^2} = \frac{1}{b}\left[C_1 I_1(\gamma_s b) + D_1 K_1(\gamma_s b) \right] \qquad (2.7c)$$

$$\frac{1}{\mu_0}B_i - \frac{1}{\mu_0}\frac{H_1}{b^2} = \frac{\gamma_s}{\mu_s}[C_1 I'_1(\gamma_s b) + D_1 K'_1(\gamma_s b)] \qquad (2.7d)$$

A_1、E_1 和 G_1 不需要满足边界条件，F_1 已并入到 C_1 和 D_1。由于在此例中需要关注的场是区域 3，因而在此仅需常数 H_1，可以表示为

$$H_1 = -b^2 B_i \frac{a(\eta_1 + \mu_s \eta_2) - \mu_s(\eta_3 + \mu_s \eta_4)}{a(\eta_1 - \mu_s \eta_2) - \mu_s(\eta_3 - \mu_s \eta_4)} \qquad (2.8)$$

式中：

$$\eta_1 = b\gamma_s^2 [K'_1(\gamma_s a) I'_1(\gamma_s b) - I'_1(\gamma_s a) K'_1(\gamma_s b)]$$

$$\eta_2 = \gamma_s [I'_1(\gamma_s a) K_1(\gamma_s b) - K'_1(\gamma_s a) I_1(\gamma_s b)]$$

$$\eta_3 = b\gamma_s^2 [K_1(\gamma_s a) I'_1(\gamma_s b) - I_1(\gamma_s a) K'_1(\gamma_s b)]$$

$$\eta_4 = I_1[(\gamma_s a) K_1(\gamma_s b) - K_1(\gamma_s a) I_1(\gamma_s b)]$$

横摇导致的艇外电涡流磁特征变为

$$B_r = \frac{H_1}{r^2}\cos\theta \qquad (2.9)$$

$$B_\theta = \frac{H_1}{r^2}\sin\theta \qquad (2.10)$$

如果使用 nT 表示外部感应场，则可以根据方程式（2.9）和式（2.10）计算得到相应的场。

横摇感应导致的电涡流特征具有与感应场同相或 180°反相的实部成分和 90°相差的正交分量两个时间分量。为了证明这一点，在 20m 的深度针对 HSS 评估方程式（2.9），其恰好在对应于 $\theta = 0°$ 的圆柱体中心线的下方。在图 2.14 中将场的幅值及其同相和正交分量绘制为横摇频率的函数。另外，该示例的所有其他参数在图中也有列出。

对所有感兴趣的横摇频率主动补偿同相和正交分量会非常困难。如方程式（2.4）所述及图 2.14 所示，高强度钢船体舰艇的横摇特征

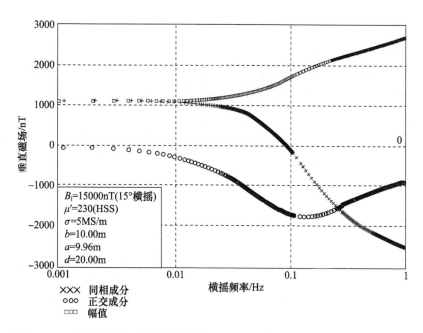

图 2.14　二维钢圆柱壳横摇导致的电涡流磁场的同相、正交分量和幅值

的同相分量,对于长横摇周期会退化为静态铁磁场,并随着频率的增加而变得更具抗磁性。正交分量从零开始,随着频率在负方向上增加,然后返回到零。需要指出的是,水雷主要探测同相和正交分量的向量和(幅值)。

铝壳舰艇的横摇感应磁特征依然会很强,尽管其本身是非磁性的。如果使用铝的特征参数重新计算方程式(2.9),所有其他参数与高强度钢的示例相同,图 2.15 中给出位于 20m 深处的同相、正交及向量幅值,尽管铝是非磁性的,产生的抗磁性同相分量随横摇频率从零增大并且相当快地达到最大负值;其正交分量的频率响应具有与 HSS 相同的形状,但会在更低的横摇频率处达到峰值。

可以使用式(2.9)评估和比较不同材料舰艇的水下横摇感应涡流磁特征。常见船体材料的电导率见表 2.2。对于各种材料,可以在图 2.16 中对垂直磁场分量的大小作为横摇频率的函数进行比较。如数据所示,尽管材料是非磁性的,但是由于横摇感应的涡流源,铝制船

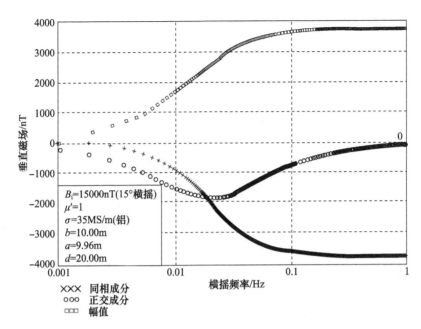

图 2.15　二维铝制圆柱壳横摇导致的电涡流磁场的同相、正交分量及其幅值

体仍然会产生比较显著的磁场。这一点在考虑特种作战部队所使用的快速攻击艇的海上易感性时非常重要。

表 2.2　常见造船材料的电导率

材料	电导率 σ/(MS/m)
纯铝	35
高强度钢	5
纯钛	2
AL6XN 不锈钢	1
碳	0.1
玻璃纤维	—

AL6XN 不锈钢船体材料是 HSS 装甲板的低磁特征替代品,可用于重型战斗舰艇,其不仅是非磁性的,而且在 0.1Hz(大型水面舰艇的自然横摇频率)附近具有更低的涡流场。由碳纤维复合材料构成的船体,将具有极低但非零的涡流场。然而,完全由玻璃纤维或木材制成的舰艇,横摇导致的涡流场几乎不可测得。

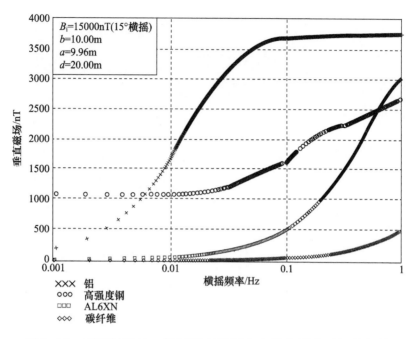

图 2.16　不同材料的二维圆柱壳横摇产生的电涡流磁场的幅值

横摇引起的涡流主要在垂向和横向产生磁偶极子类型源,这些电流在导弹艇上的一般流动模式如图 2.17 所示。由涡流源产生的艇外

图 2.17　地磁场中导电壳体横摇导致的电涡流流动模式

磁场具有与未补偿的垂向和横向铁磁场特征相同的一般特征[4]。这意味着，原则上可以使用消磁线圈降低来自这两个源的场分量（将在第3章中讨论主动磁特征消减技术）。

2.3 腐蚀相关磁特征的被动消减

在舰艇壳体周围，由腐蚀电流所产生的磁场是最不为人所知的一种磁场。当将两种或更多种具有不同电势的导电材料连在一起浸入到海水时，就会形成电池。此时，电流（常规电流指正电荷的流动）离开称为阳极的电化学更负的材料，在导电海水中流动到称为阴极的更正电极，然后通过它们的连接点返回阳极（正如Holmes[4]所讨论的，电流在海水中的流动机制与在金属导体中不同），在这种自由腐蚀的状态下，阳极材料会生锈。

对不同材料之间的腐蚀电流进行精确预测是一项极为艰巨的任务。在海水中，典型的舰艇建造材料具有非线性的极化曲线，将电化学势和腐蚀电流密度联系在一起。由于会发生大量的化学反应，问题会变得非常复杂，这取决于保护性船体涂料（涂层）的性能、舰艇暴露于海水中的面积，以及水流穿过材料的速度等。一般可以使用边界元技术对舰艇的腐蚀电流和相关特征进行建模分析[2]。

阳极和阴极之间的电化学电势差越大，腐蚀电路中的电流越大。表2.3列出了常见舰艇材料相对于银-氯化银参考电势的电位差（在海水中测量得到的平均开路电化学势）。如表2.3所列，如果允许自由腐蚀，则舰艇的高强度钢船体相对于镍-铝-铜（NAB）螺旋桨为阳极，具有大约420mV的初始电位差。为了防止腐蚀，通常会设置舰艇的阴极保护系统，使其控制参考电池相对于船体的电位，比电化学最强的活性材料更负。这使得通过螺旋桨、轴和船体的电流超过自由腐蚀状态，产生更大的磁特征。

如表2.3所列，铝壳船的未作保护部分将具有比相应高磁钢船更大的腐蚀相关电流和磁场。铝和镍-铝-铜之间的电位差为570mV，是高强度钢制船体与后者的一倍多①。这也阐述了为什么在设计磁隐身系统时必须格外小心,设计者应该避免减少一个源幅值的同时,增加另一个源的幅值。

表2.3 常见舰艇建造材料的电化学势
(海水中相对于银-氯化银离子)

壳体材料	电化学势 ϕ/mV
铝合金	-800
高强度钢	-650
镍-铝-铜螺旋桨合金	-230
钛合金	≈0
AL6XN 不锈钢	≈0
石墨碳	+25

由 AL6XN 不锈钢或钛建造的水面舰艇和潜艇壳体,具有较低的腐蚀相关磁场(CRM)特征。由 AL6XN 不锈钢建造的船体和镍-铝-铜螺旋桨之间的潜在电位差仅为230mV,几乎为高强度钢船体的一半。此外,用于不锈钢船体的阴极保护系统,其电位可以设置得比相应的高强度钢或铝制壳体低很多(可以低至-430mV)。需要注意的是,即使使用碳纤维建造舰艇也仍然存在腐蚀问题,但在任何情况下,使用表2.3后面几种材料建造舰艇,均会降低腐蚀电磁场。

由于螺旋桨通常位于舰艇尾部,因此主要的腐蚀电流一般从前往后流动。最简单的情况,可以用沿纵向的分布电偶极子源表示舰艇的腐蚀电流源,其设为坐标系的 z 轴。根据右手定律,该源产生的磁场在船体周围循环(图2.18)。假设腐蚀电流从处于 $z=-L/2$ 的螺旋桨开始,通过轴和壳体,到达处于壳体的 $z=L/2$ 处,则磁场的 φ 分量为[13]

$$B_\varphi = \frac{\mu_0 I}{4\pi\rho}\left(\frac{z+\frac{L}{2}}{r_1} - \frac{z-\frac{L}{2}}{r_2}\right) \quad (2.11)$$

---

① 译者注:原文错误,应为3倍多。

式中:I 为源电流;L 为偶极子的有效长度;ρ 为径向坐标;r_1 和 r_2 分别为

$$r_1 = \sqrt{\left(z+\frac{L}{2}\right)^2 + \rho^2}$$

$$r_2 = \sqrt{\left(z-\frac{L}{2}\right)^2 + \rho^2}$$

根据方程式(2.11),磁场的峰值会出现在 $z=0$ 处,并且可以根据下式计算得到:

$$B_{\text{peak}} = \frac{\mu_0 IL}{4\pi\rho\sqrt{\left(\frac{L}{2}\right)^2 + \rho^2}} \tag{2.12}$$

可以使用一个简单的例子说明腐蚀电流源及其磁场之间的关系。

图 2.18 舰艇周围由腐蚀电流产生的磁场

如方程式(2.12)所示,舰艇的峰值(CRM)场与电流幅值成正比。对于各种源电流和偶极子长度情形,计算分布电偶极子源下 $\rho=20\text{m}$ 深度处的峰值磁场,并绘制在图 2.19 中。如果适当选择船体材料,可以降低腐蚀或阴极保护电流幅值,则其外部磁场会减少相同的量。此外,如果将阳极电流源移动至靠近螺旋桨阴极的位置处,根据方程式(2.12),即使电流幅值不变,CRM 特征仍然会相应减小。较短的偶极子长度是主动磁特征消减系统需要实现的主要目标,这将在第 3 章进行讨论。

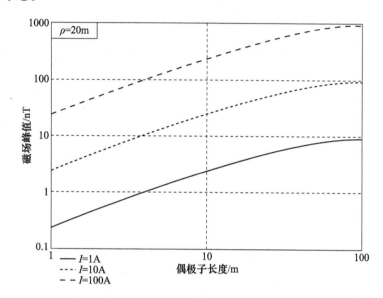

图 2.19 作为长度函数,由不同电流强度的电偶极子产生的磁场峰值

由于镍-铝-铜螺旋桨是水面舰艇或潜艇上的主要电流汇,因此腐蚀回路中任意电阻的增加都将减少流向它的电流。减少流入螺旋桨的腐蚀电流的方法之一是在螺旋桨上使用高强度涂料。图 2.20 所描述的四步涂覆工艺是该技术的一个实例。在施工期间,空气温度和湿度必须维持在适当的范围内,否则涂层可能会无法正常黏附。螺旋桨涂层的失效通常会从高速叶片的梢端附近开始,并向内延伸;如果在使用过程中多加注意,则可以获得良好的油漆附着力。

给螺旋桨增加涂层的主要缺点是在结构检查期间必须将其去除,因为填充到螺旋桨微小裂纹中的油漆会使得裂纹难以检测。因此,在检查之前需要去除涂层,然后在检查完毕后重新喷涂。

腐蚀电流同样是交变电磁场信号的一个主要来源。当腐蚀电流通过螺旋桨、轴和轴承回到壳体,桨轴中发生的任意电阻变化均会导

(a) 基底涂层

(b) 中间涂层

(c) 防污涂层

(d) 顶部涂层

图 2.20　应用于 NAB 螺旋桨的四步涂覆工艺

致腐蚀电流发生变化,即对腐蚀电流进行调制。调制电流的脉冲特性使得在轴频及谐波上产生磁场[14]。

通常使用轴接地系统降低轴调制的腐蚀电流及相关磁场。其中被动轴接地系统包含一个与轴连接的滑环和一个银制弹簧电刷,电刷在弹簧的张力下骑跨在滑环上,并通过电缆与船体连接而接地(图 2.21(a))。接地系统的作用是提供一个到壳体的低阻抗通路,即将轴短路。然而,若电刷上存在油脂或污垢,则会使接地电路的电阻迅速上升,从而降低接地回路的效率或使其变得完全无效。

主动轴接地(active shaft grounding,ASG)系统相比单个的被动电刷更加可靠,如图 2.21(b)所示,其包含两套独立的滑环与电刷。第一个刷子通过高阻抗的电荷放大器测量轴—壳之间的电势,该测量方法对滑环与电刷之间阻抗的变化不敏感。ASG 为第二个滑环—电刷提供电流以使轴—壳体之间的电压最小,其同样会将轴短路。若第二套滑环—电刷之间的阻抗增加,则 ASG 的输出电压会相应增加。ASG 对电刷阻抗变化不敏感的特性使其相比被动轴接地系统可以更为有效地降低舰艇的交变磁特征[14-15]。

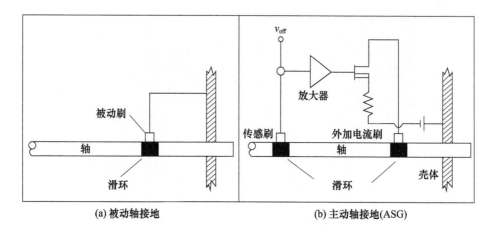

图 2.21 被动和主动轴承接地系统

虽然 ASG 系统包含一定的主动电子元器件,但仍然将其归类为被动磁特征对消系统。ASG 系统的目的是降低或者消除轴调制腐蚀电流,而轴调制腐蚀电流是舰艇交变磁场的产生源头。

2.4 杂散场特征的被动降低

舰艇的任意电流电路均可产生杂散场。机电设备和电源分配系统通常是杂散场产生的主要源头。高功率发电机、电动机、开关设备、断路器以及分布电缆均可产生直流和交流场(图 2.22)。铁磁壳体在某种程度上会屏蔽舰艇内部的杂散场,尤其是高频;然而,即使舰艇的壳体做得很厚,也难以有效屏蔽直流场。

可以使用一个二维圆柱壳模型对舰艇或潜艇内配电电缆的有效防护进行估计。模型的坐标系和几何尺寸如图 2.23 所示。配电电缆携带电流 I 位于无限长圆柱磁屏蔽的 $(0, -c)$ 处,磁屏蔽的电导率为 σ_s、磁导率为 μ_s,内径和外径分别为 a 和 b。回程分布电缆位于 $(0, c)$ 处,电流为 $-I$。屏蔽效率[16]为

$$S_H = 20\log\left(\frac{|\nabla X_0|}{|\nabla X_s|}\right) \tag{2.13}$$

图 2.22 在舰艇上的杂散场源

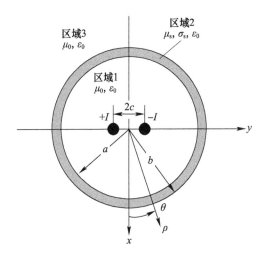

图 2.23 二维圆柱壳屏蔽例子的坐标系统

式中：

$$X_\mathrm{s} = -\frac{I}{\pi} \sum_{n=1,3,5,\cdots}^{\infty} \frac{1}{n}\left(\frac{c}{p}\right)^n Q_n \sin n\varphi$$

$$Q_n = \frac{1}{\cosh(k_n t) + \frac{1}{2}\left(K_n + \frac{1}{n}\right)\sinh(k_n t)}$$

$$K_n = \frac{k_n b}{\mu_r n}$$

$$k_n = \sqrt{\frac{n^2}{b^2} + \gamma_s^2}$$

$$\gamma_s = \sqrt{j\omega\mu_s \sigma_s}$$

$$\mu_r = \frac{\mu_s}{\mu_0}$$

$$t = b - a$$

未屏蔽的情形由 $X_0 = X_s$ 和 $Q = 1$ 给出。对于各种壳体直径、磁导率、电缆配置方式以及电流频率可以估计得到用分贝表示的屏蔽效率。

可以用式(2.13)证明舰艇的铁磁壳体对于屏蔽内部配电系统磁场的重要性。在这个例子中,船体为直径20m的HY80钢,电导率为3.5MS/m,相对磁导率为90,船体厚度为1.3cm,内部配电电缆位于中心并间隔11.4cm。在0.01~100Hz的频率范围内,使用式(2.13)计算20m深度处以分贝形式表示的屏蔽效率,并绘制在图2.24中。正如预期的那样,在0.1Hz及以下频率范围内,可以忽略不计船体的屏蔽效果,并且在电流频率接近10Hz之前不会变得显著。应该注意的是,一些高功率永磁电机设计为由脉冲宽度调制电流控制,当以低速运行时,在船体的低屏蔽区域会具有重要的频率分量。

若在电力系统及配电电缆的前期设计中充分考虑磁隐身因素,则能够以较低的成本、对舰艇的较小影响,减少大部分杂散场。例如,考虑上面所讨论的双导线电缆。如果将2根电力电缆分成6条或8条单独的导电电缆,则可以对它们进行配置,以便显著减少杂散磁特征。可以使用单个无限长载流导体磁场的简单二维公式证明这一点,其磁场由下式给出:

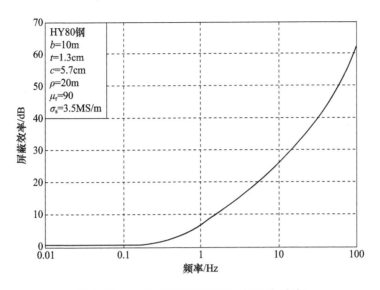

图 2.24 二维刚强度钢圆柱壳屏蔽效率

$$B_\varphi = \frac{\mu_0 I}{2\pi \sqrt{(x-x_0)^2 + (y-y_0)^2}} \quad (2.14)$$

式中:x_0、y_0 为每个电缆的坐标。

使用方程式(2.14)可以计算得到 2、6、8 导体分布系统的峰值磁场,然后累加得到水下 20m 处的磁场。如图 2.25 所示,3000A 电流在多条电缆之间均匀分配,这些电缆以可变距离 a 隔开,并以三种配置方式排列。如该示例所示,适当设计配电系统可以将杂散磁场降低超过 3 个数量级,然而在舰艇建造完成后,这种设计将会变得非常难以实现并且代价高昂。

在不久的将来,杂散场磁特征的幅值和重要性均会增加。美国海军已承诺开发一种"全电动"船,该船将使用大型电动机进行推进。由于电动推进的电动机的功率可能会超过 30MW,因此会有非常高的电压,更主要的是,会有非常大的电流在舰艇的电力系统内流动。另外,如果将电动机安装在铁质船体的外部,则由于根本不存在屏蔽,问题会变得更为严重。在评估舰艇对磁场检测的真实敏感程度时,必须与其他三个磁源一起综合考虑直流和交流杂散场特征分量。

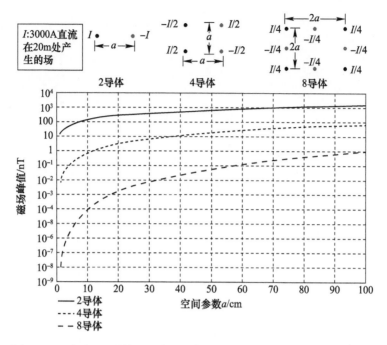

图 2.25　由电源系统的不同电缆分布形式计算得到的峰值磁场

参考文献

[1] J. Pike (2007, Jan). Littoral Combat Ship Specifications. Military. Global Security. org. Alexandria, VA. [Online]. Available: http://www.globalsecurity.org/military/systems/ship/lcsspecs.htm.

[2] J. J. Holmes, *Modeling a Ship's Ferromagnetic Signatures*, 1st edn. Morgan & Claypool Publishers, San Rafael, CA, 2007. doi: 10.2200/S00092ED1V01Y200706CEM016.

[3] M. Fogiel, *The Electromagnetics Problem Solver*. Research and Education Association, Piscataway, NJ, 2000, pp. B-1–B-3.

[4] J. J. Holmes, *Exploitation of a Ship's Magnetic Field Signatures*, 1st edn. Morgan & Claypool Publishers, San Rafael, CA, 2006. doi: 10.2200/S00034ED1V01Y200605CEM009.

[5] M. Fogiel, *The Electromagnetics Problem Solver*. Research and Education Association, Piscataway, NJ, 2000, p. A-2.

[6] M. Fogiel (2007, Jan). Magnetic Effects of Stainless Steel. Australian Stainless Steel Development Association. Brisbane, Australia. [Online]. Available: http://www.assda.asn.au/asp/index.asp?pgid=18045.

[7] M. Fogiel (2007,Jan). AL-6XN? Stainless Steel. Allegheny Ludlum Corporation. Pittsburgh, PA. [Online]. Available: http://www.alleghenyludlum.com/ludlum/pages/products/xq/asp/P.40/qx/product.html#.

[8] M. Fogiel (2007,Jan). How do military subs and ships avoid detection? *Nickel Mag.* Ontario, Canada. [Online]. Available: http://www.nickelinstitute.org/nickel/0999/5-0999n.shtml.

[9] M. Fogiel (2007,Jan). Alfa class submarine. Wikipedia. Wikimedia Foundation, St. Petersburg, FL. [Online]. Available: http://en.wikipedia.org/wiki/Alfa_class_submarine.

[10] M. Fogiel (2007,Jan). Visby class corvette. Wikipedia. Wikimedia Foundation, St. Petersburg, FL. [Online]. Available: http://en.wikipedia.org/wiki/Visby_class_corvette.

[11] J. McLain and M. Mohl. (2007, Jan). Jimmy Carter (SSN-23) Commissioning—Present. NavSource Online:Submarine Photo Archive. Baytown,TX. [Online]. Available: http://www.navsource.org/archives/08/080023b.htm.

[12] T. M. Baynes, G. J. Russell, and A. Bailey, Comparison of stepwise demagnetization techniques,*IEEE Trans. Mag.* ,38(4),Jul. 2002. doi:10.1109/TMAG.2002.1017767.

[13] M. Fogiel,*The Electromagnetics Problem Solver.* Research and Education Association,Piscataway,NJ,2000,p.4-3.

[14] P. M. Holtham and I. G. Jeffrey,ELF signature control,*Proc. Undersea Defence Technol. (UDT) Conf.* ,1997.

[15] W. R. Davis. (2004). Active Shaft Grounding. W. R. Davis Engineering Ltd. Ottawa,Canada. [Online]. Available: http://www.davis-eng.on.ca/asg.htm.

[16] L. Hasselgren and J. Luomi, "Geometrical aspects of magnetic shielding at extremely low frequencies," *IEEE Trans. Electromagn. Compat.* 37(3), Aug. 1995. doi:10.1109/15.406530.

3 磁特征的主动抵消

3.1 消磁系统设计

主动消除是指通过主动产生大小和形状均与未抵消场相同但具有相反极性的通量分布,未抵消场和人工产生的抵消场的叠加会趋于消除,导致舰艇的净磁场特征降低,从而实现水面舰或潜艇的磁隐身。对于理想情况,这个概念如图3.1所示。如果船上的源是磁性的,例如感应和固定磁化,横摇引起的涡流或杂散场源,则称此类主动消除为消磁。

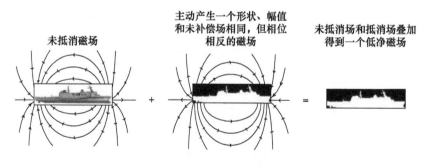

图 3.1 主动磁特征衰减系统的工作原理

消磁系统最早由英国开发,以对抗第二次世界大战中的德国磁性水雷。1939年9月至1940年1月,共有44艘英国船只触雷而沉入英吉利海峡[1],对其中一个水雷的复原表明,是舰艇的磁场上触发了水雷的爆炸机制。此后在英国海军和后来的美国海军中开展了研究磁特征降低技术的竞赛。到战争结束时,仅美国方面就有超过12600艘军船和商船装备了消磁系统。

船用消磁系统由电缆线圈组成,通以适当的电流即可以消除或减少舰艇的磁特征。起初,这些系统仅用于补偿感应磁化和固定磁化。正如 Holmes[2] 所解释的,舰艇的感应磁化取决于其在地球磁场(纬度和经度)内的位置及其在场内的方向(横摇、俯仰和航向角)。因此,消磁系统必须能够彼此独立地对三个正交磁化分量(纵向、横向和垂直)进行抵消。

用于对消舰艇垂直极化的消磁线圈称为 M 线圈,分为几个电流与匝数均可单独调整的较小回路。图 3.2 是 M 线圈的设计原理。M 线圈可以用于消除舰船的感应纵向磁化(induced longitudinal magnetization, ILM)和固定垂直磁化(permanent vertical magnetization, PVM)。

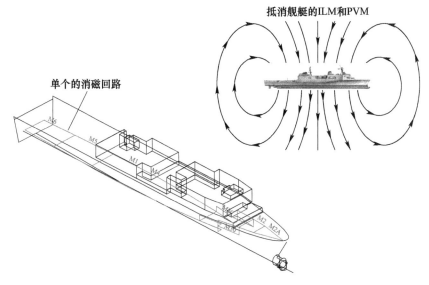

图 3.2　老式的用于补偿舰船感应垂直和固定磁化的 M 消磁线圈

为了更精确地抵消舰船磁化中由于空间变化导致的不规则磁场,需要使用多个 M 回路。舰船磁化的变化是由于船体沿其长度方向形状的变化、内部磁体结构和机械系统的非均匀分布以及建造材料的不同综合导致的。通常使用非消磁信号源的数字谐波展开的高阶项表示由非均匀磁化所产生的磁场。

对舰艇横向磁化所导致的磁特征进行补偿需要使用 A 线圈。图 3.3 是 A 线圈的一种设计方法及单独的 A 线圈和未消除的场图。A 线圈可以补偿舰艇的感应横向磁化(induced athwartship magnetization, IAM)和固定横向磁化(permanent athwartship magnetization, PAM)。当船的横梁太大而不能使用位于其中心线上的单个 A 线圈充分抵消艇外磁特征时,需要将两个 A 线圈串联使用。

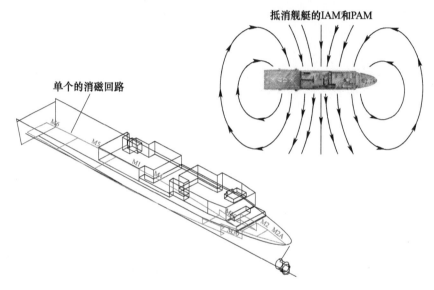

图 3.3　用于补偿舰船感应横向和固定磁化的 A 线圈

在第二次世界大战中发展出一种可有效对抗水雷的消磁系统,首楼/后甲板(forecastle/quarterdeck, F/Q)消磁线圈,如图 3.4 所示,其不是通过在该方向制造纵向偶极子消除极化,而是通过制造一个四极子磁通达到此目的。当给予 F 和 Q 线圈一定的极性相反电流时,会在舰艇的下方靠近壳体的位置产生磁通,继而可以对消由非消磁纵向磁化所产生的信号。该方法相对其他方法的主要优点是容易实现。

其主要缺点是无法消除远离壳体的 ILM 和永久纵向磁化(PLM)。F/Q 线圈形成四极子,其磁场以比未振荡的偶极场更快的速率下降。基于场衰减的这种差异,F/Q 线圈能够减少船体附近的舰艇

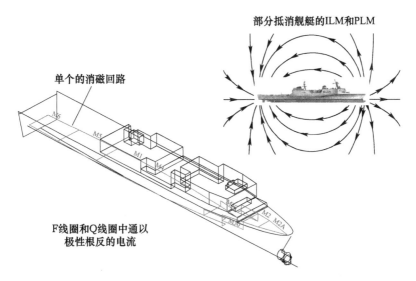

图3.4 用于部分抵消舰船感应纵向、横向和固定磁化的F/Q线圈设计

ILM和PLM特征;但是,在相同的设置下,则完全无法补偿处于较远距离处的场分量。然而,对于F/Q线圈失效的较远距离处的场分量,与第二次世界大战中水雷的相对不敏感触发阈值相比,未激发的ILM和PLM特征的幅值较低。

鉴于现代水雷灵敏度的提升,F/Q线圈已不适用于补偿舰艇的ILM和PLM特征,此时L线圈消磁回路作为替代技术登上历史舞台,其设计方法如图3.5所示。在这种线圈设计中,沿着舰艇壳体的方向布置有大量独立且可控的L线圈。每个L线圈均可在舰艇周围产生一个偶极子磁通以匹配非消磁纵向磁化。因此,ILM和PLM信号在壳体的远处和近处均可得到补偿。

F线圈和Q线圈的开发设计是应对威胁的极好例子。迫于第二次世界大战中磁性水雷的压力开发出消磁线圈系统以对抗当时的威胁,且使用的资源极少。在海军舰船上安装L线圈不仅成本高而且更加耗时;另外,在具有更高磁场灵敏度的现代水雷出现之前,不需要抵消更高程度的特征。

L线圈配置以及将M线圈和A线圈细分为若干环路是现代消磁系统设计的典型特征。高级消磁线圈配置的例子如图3.6所示。确

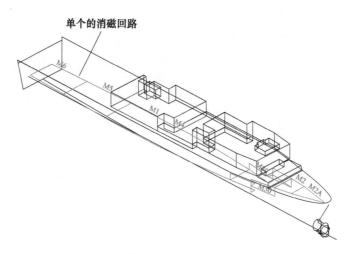

图 3.5　用于抵消舰船感应纵向和固定磁化的 L 线圈

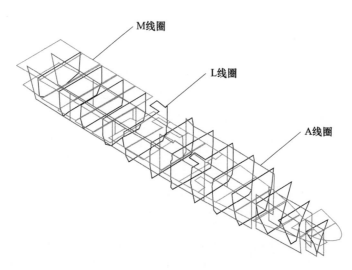

图 3.6　M 线圈、L 线圈和 A 线圈布置

定消磁线圈的数量及其在新舰艇设计中的位置,取决于船体的形状、建造所使用材料的磁性以及所需实现的磁特征减少量。目前已经尝试建立消磁线圈设计的广义数学基础[3-4]。由于诸多现实原因,消磁线圈电缆在装有设备和系统的舰艇中的实际布线,通常会与其理论最佳路径之间存在较大偏差。

实践中,针对新造舰艇设计消磁系统的工作通常起始于借鉴之前与此类型舰艇最接近舰艇的配置历史数据开始。通过之前的实现和使用经历,已经证明这些设计方案具有一定的磁特征降低能力,并且也证明了方案的可行性和性价比。可以通过增加或削减一定的匝数、改变回路的尺寸以与新建舰艇匹配设计新消磁系统。另外,用于预测新建舰艇的非消磁与抵消特征的数学和物理模型可以用于优化消磁线圈的配置[5-6]。

3.2 消磁线圈的校准与控制

对每个消磁回路的磁势进行调整,以最小化舰艇磁特征的工作称为校准。校准消磁系统需要测量每个单独的消磁回路产生磁通的舰艇非消磁特征。这些测量通过配置有水下磁场传感器的岸基消磁校准设施实现,如图3.7所示。

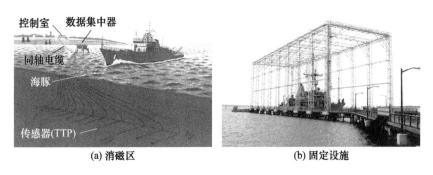

(a) 消磁区　　　　　　　　　　(b) 固定设施

图3.7　用于测量舰艇磁场信号和校正消磁系统的磁隐身设施

消磁区(图3.7(a))由一系列安装在海底的磁场传感器组成。需要校准的舰艇在站内来回移动以对其磁特征进行测量,并将测量结果表示为时间的函数。一个跟踪系统用于将测量得到的时间序列转换为集中在壳体下方的磁场测量空间平面。使用数学外推模型[6]生成一个消除舰艇航迹和潮汐变化对传感器测量深度影响的标准网格。

安装消磁区,使需要校准的舰艇可以在磁头上方通过。通过将舰艇磁南方向收集的磁场数据的标准网格减去磁北方向上航行时的数据,可以将ILM特征与其他成分分离(这个计算实际上产生了ILM的

2倍)。同样,从磁东方向数据减去磁西方向数据,产生IAM分量的2倍。如果计算磁北和磁南测量值的平均值或磁东磁西的平均值,则得出总固定磁场(PLM + PVM + PAM)加上IVM特征。通常,消磁区不具有改变垂直感应场的能力,排除了使用以上相减和相加的方法将舰艇的IVM成分从其总固定磁场中分离的可能性。

固定式消磁站可以将三种感应磁特征从固定磁特征中分离出来。如图3.7(b)所示,固定式消磁站由一组环绕在舰艇周围的校准线圈组成,用于在三个正交方向的任意方向产生磁化。在需要校准舰艇下方的海底是一组磁场传感器。在舰艇到达之前需要对海底的磁场传感器进行校正以消除传感器的测量误差,并测量设施线圈电流与阵列测量的磁场之间的传递函数。在舰艇停泊在滑道中后,会对每个校准线圈中的电流进行监测,以便能够从水下阵列中减去其磁场,从而只留下舰艇的磁特征。远程定位参考传感器用于去除舰艇校准期间发生的地球背景磁场发生的变化。

与消磁区相比,舰艇系泊在固定设施内时,可以更加快速准确地测量未抵消前的磁特征和消磁系统环路效应。通过将舰艇上的数字控制消磁系统与校准设施的数据采集和控制计算机联网,可以自动测量感应和固定磁特征以及所有环路效应,并在几分钟内,潮汐(传感器深度)可能发生显著变化之前将其置于标准网格中。反之,使用消磁区时,对于每个抵消前的特征分量和每个环路的效果,对舰艇进行校准计量需要10~20min。每个交叉范围的舰艇传感器几何形状的变化,以及在收集所有环路效应和未消磁的测量所需的延长时间段内发生的潮汐变化,降低了校准数据的准确性。

消磁区能够更有效地微调消磁系统的设置,以补偿舰艇固定磁场的变化。在港口的入口处安装消磁区,可以测量舰艇和船队经常进入和离开时的磁特征。这通过在消磁控制器中进行定期调整实现,而不需要舰艇特意花时间去消磁。消磁区对于远离任何固定磁性设施的区域尤其有用。

一旦完成环路效应和未消磁舰艇的磁特征的测量并外推到标准

网格,则需计算消磁环安匝数以最小化艇外磁场。校准过程的第一步是将未校准的测量值 H(已经校正到标准网格)放入列矩阵中,例如:

$$H = \begin{bmatrix} h_1 \\ h_2 \\ h_3 \\ \vdots \\ h_n \end{bmatrix} \quad (3.1)$$

式中:h_n 为舰艇未补偿磁场的第 n 个离散测量值。

环路效应 C 同样被修正为标准网格,并被归一化为 1AT,其矩阵表示为

$$C = \begin{bmatrix} c_{1,1} & c_{1,2} & c_{1,3} & \cdots & c_{1,m} \\ c_{2,1} & c_{2,2} & c_{2,3} & \cdots & c_{2,m} \\ c_{3,1} & c_{3,2} & c_{3,3} & \cdots & c_{3,m} \\ \vdots & \vdots & \vdots & & \vdots \\ c_{n,1} & c_{n,2} & c_{n,3} & \cdots & c_{n,m} \end{bmatrix} \quad (3.2)$$

式中:m 为消磁线圈的匝数。第 n 个环路效应的单独测量并必须处于相同位置,并作为未消磁场矩阵 H 的第 n 项的向量分量。

鉴于最小二乘特征最小化是确定性和线性的过程,其通常用于消磁线圈的校准计算,其中必须对线圈的安匝数施加容量约束。需要最小化的基本方程可以表示为

$$(H + CI)^{\mathrm{T}} (H + CI) = \min \quad (3.3)$$

式中:I 为满足最小化方程式(3.3)的每个线圈安匝数的 m 项的列矩阵。

以最小均方的形式求解方程式(3.3),可得

$$I = [C^{\mathrm{T}} C]^{-1} C^{\mathrm{T}} H \quad (3.4)$$

正如 Holmes[6] 对逆向建模的讨论,由于这个特定问题的物理特性,方程式(3.4)本质上是不稳定的。虽然外推特征时可能会接受不稳定的源强度求解结果,但相邻消磁环之间的安匝数变化太大,可能会导致对系统的过度规划,即不必要地增加重量、体积、电力需求、空调负荷和舰艇成本。此外,测量和外推误差与不稳定的安匝解决方案相结合,可能会得到不太理想的消磁特征。

使用与 Holmes[6] 所阐述的逆数学建模相同的技术,可以稳定最小二乘消磁环校准计算。对于消磁系统校准,采用由 Twomey[7] 数学推导出的最小能量稳定标准最为合适。该标准迫使消磁环的安匝数的平方和最小,同时减小舰艇的磁特征。通过修改方程式(3.4)将最小能量约束应用于消磁校准计算,可得

$$\boldsymbol{I} = [\boldsymbol{C}^\mathrm{T}\boldsymbol{C} + \alpha \boldsymbol{i}]^{-1} \boldsymbol{C}^\mathrm{T}\boldsymbol{H} \qquad (3.5)$$

式中:i 为单位阵;α 为加权因子。

实践中,利用经验对 α 项(阻尼因子)进行调整以最小化消磁回路所需的安匝,同时会将舰艇的磁特征降低到指定值。

对于四个未消磁的特征分量中的每一个,重复由方程式(3.5)所给出的消磁回路校准计算。也就是说,H 加载了未消磁的 ILM 测量值,然后加载了 IAM、IVM 和总固定磁(PLM + PAM + PVM)特征。实践中,现代计算机化的消磁系统会控制流向每个回路的电流,同时保持每个回路中主动导体的数量恒定。由于这个原因,将每个感应特征消磁所需的环路电流归一化为每纳特施加的感应场的电流,并存储在机载控制计算机的数据库中。消除总固定磁特征所需的电流只是应用于每个回路的常量偏移,并且在将其保存到控制器的数据库之前不必再进行标定。

虽然舰艇处于消磁区或固定设施内时,海军舰艇的磁场可以被校准到较低水平,但当其处于海上时,感应和固定磁化的变化将破坏这种良好的消磁特征。正如 Holmes[2] 所讨论的,磁化的三个感应分量会随舰艇所处位置(纬度和经度)、航向、横摇角和俯仰角的变化而迅速变化,而固定磁化由于作用于铁磁壳体、内部结构和机械系统上的

机械应力而会漂移得更慢。因此,调节流向每个消磁环路的电流的舰载消磁控制器必须能够考虑这些变化,并在持续、实时的基础上对其进行更新,以使舰艇维持较低的磁特征。

舰载消磁控制器的控制流程如图3.8所示。控制回路从图的左上方开始,控制系统从船的导航系统获取舰艇关于横摇、俯仰和航向角以及当前所处纬度和经度等信息。这些数据作为地球主磁场计算机模型的输入[8],其输出是地球在舰艇参照系中的感应磁场。对一些具有非磁性上层建筑的舰艇,可以使用安装在桅杆上的三轴磁场传感器,直接在舰艇坐标(舰艇参考框架)中测量此时的地球磁场,在具有高地磁异常的水域中,该坐标会比全球坐标系计算机模型更为准确。

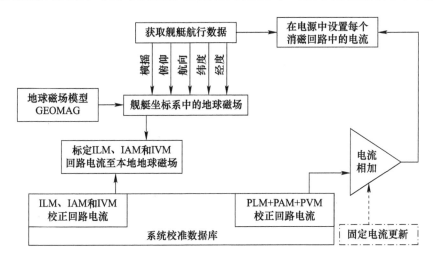

图3.8 用于控制消磁线圈电流以维持舰艇铁磁特征分量补偿的流程图

在舰艇坐标系中计算或测量得到本地地球磁场后,系统启动时从舰载数据库检索的归一化消磁回路电流用来适配本地磁场,然后将三个感应分量的标定电流与校准时存储在舰艇上的电流相加。控制器将请求的电流设置发送至每个消磁回路电源处,然后通过从舰艇导航系统获取一组新数据重复以上过程。消磁电流更新一次的循环时间为10~100ms,这主要取决于舰艇的横摇速率。

由于机械应力和航行效应,舰艇的固定磁化会随时间发生变化,因此消磁控制器必须定期更新,并采用新的固定磁化电流设置。通常,固定磁化电流的变化是基于消磁区对舰艇磁特征的测量分析得到的。重新校准消磁系统的最简单方法是,假定与舰艇的最后一次校准相比,测量得到的磁特征的任意变化均是由其固定磁化的变化引起的(假设消磁系统的原始感应设置是正确的,并且在将以前测量的标记转换到当前消磁范围环境中时没有错误)。使用方程式(3.5)计算固定磁化电流设置的更新,所需做的变动是将固定磁特征插入到 **H** 矩阵。新计算的固定磁化电流更新可以存储在消磁控制器数据库的单独文件中,并在每个更新周期中添加到每个循环的总电流中(图3.8),或者可以将更新的固定磁化电流直接添加到原始电流固定磁化设置中,并在数据库中进行恢复。

还可以使用消磁系统主动补偿横摇导致的涡流信号。如第二章所述,舰艇未补偿的涡流产生的磁场,具有相对于地球感应场的同相和正交分量。因此,消磁线圈也必须用相位正交电流进行激励,以减少该特征分量。

对于该介绍性讨论,与阻性分量相比,假设涡电流的等效电路阻抗的感抗较小。这种简化假设可以认为是非传导船壳的代表。在这种情况下,方程式(2.4)可以简化为

$$h_e \propto \frac{-j\omega AB_e \theta_{\max} e^{j\omega t}}{R} \quad (3.6)$$

从方程式(3.6)可以清楚地看出,在该示例中,舰艇的未补偿涡流特征仅具有纯正交分量。因此,消磁线圈电流相应地必须具有正交分量。

校准舰艇的消磁系统以抵消横摇所导致的涡流磁特征在电磁横摇装置内部进行,如图3.7(b)所示。固定设施的感应线圈通过经过校准的舰艇的自然横摇频率的交流电(AC)供电。选择电流的大小,以便产生与所预期的最大横摇角相当的峰值感应场。监测设施的感应回路中的流动电流,并将其用作校准的相位参考,同时消除 AC 感应场对水下磁力计阵列的影响。因此,仅需测量由船的存在引起的 AC 感应场中的失真,将其分离为同相和正交特征分量,并使用相应设备进行记录。

一旦测量得到涡流场的未补偿正交分量并将其与同相分量分离，就可以计算消磁系统的正交线圈电流,该电流会使磁特征最小化。将未补偿的正交涡流电流特征代入方程式(3.5)的 H 矩阵中,可以计算得到能够使该特征分量最小化的消磁线圈电流。接着,将涡电流特征的垂直和横向分量消磁所需的回路电流归一化为每纳特施加的感应场的安培,并存储在控制计算机的舰载数据库中。但是,在这种情况下,每个消磁环路中的正交补偿电流不仅要按舰艇的横摇、纵摇、航向、纬度和经度进行标定,而且要根据其横摇频率进行标定。

船上的消磁控制器必须能够针对每个回路的电源设置电流,以对消同相和正交特征成分。通过区分以舰艇坐标系为参照的建模或测量的地球磁场的时间变化,可以产生感应场的正交分量,该分量也与舰艇的横摇频率成比例(图3.9)。在系统校准期间,标定存储在消磁控制器数据库中的归一化涡流补偿电流,并将其添加到感应和固定磁化控制电流中,可以同时最小化横摇感应和铁磁舰艇特征分量。

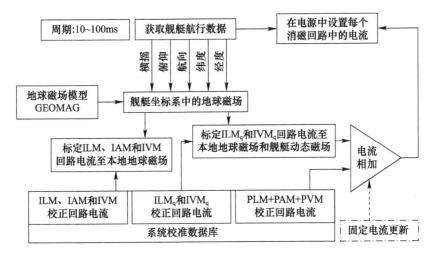

图 3.9　用于控制消磁线圈电流的流程图

原则上,即使舰艇的全局消磁线圈系统能够主动抵消由杂散场源产生的磁特征,但实践中很难将杂散场特征维持在较低水平。由于其本身所存在的主要问题是忽略了舰艇上的电力系统具有通过海水形成接地回路的可能性,因此所有的杂散场源都由闭合电路形成的电流回路组成,导致所有杂散场源形成偶极子,并且可以利用同样是偶极子的消磁回路进行补偿。但是,通过舰艇电力系统电路的电流幅值及其物理路径可以快速变化,此时,通过对消磁系统进行校准而对控制器进行的设置已不适用于对杂散场进行补偿,即杂散场特征分量不能通过消磁系统进行正确补偿。

降低杂散场特征的最佳方法是通过对电力系统组件或子系统进行一定的前期设计实现,即采用被动消磁技术。另外,如有必要,可在单个主要杂散场源(如高功率电动机或发电机)的周围安装专用的小型消磁回路实现,但必须通过监测该装置的局部场或其端子处的电流进行控制。

3.3 腐蚀电磁场的主动衰减

由于电偶极子产生的磁场随距离的变化以比磁偶极子慢的速率下降,因此形成磁源的消磁线圈不能用于抵消腐蚀电磁场特征。根据右手定则,由腐蚀电流产生的主要磁场在水面舰艇或潜艇周围循环,如图 3.10(a)所示。另外,从图 3.10(b)可以看出,代表 CRM 源的电偶极子的磁场衰减率为 $1/R^2$,而消磁回路的磁场衰减率为 $1/R^3$。如果将消磁回路的源强度设置为匹配并抵消距离舰艇特定位置处的 CRM 源的源强度(图 3.10 中 P_i 点),则最终形成的特征将在距离舰艇较近处过度补偿,而距离越远补偿越不足。显然,需要一个控制电源对 CRM 特征进行匹配和主动补偿。

通过舰载电源(包括腐蚀和阴极保护系统电流)实现的电场或磁场的主动消减,称为电防防护人。Holmes[2]对船体与 NAB 螺旋桨之间形成腐蚀电流的电化学过程进行了简要讨论。自由腐蚀的钢制壳体和周围海水中的常规电流方向如图 3.11 所示。由于船体是阳极,并且可以认为是向海水中注入电流的正源,因此其补偿的合理方法是人为地在船体上增加负源以代替它。然而,这样做时,在人造阳极附近的船体将以极快的速率腐蚀,从而需要考虑其他更为有效的方法。

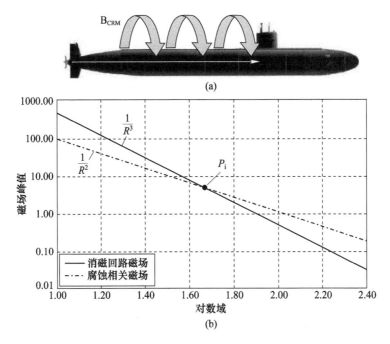

图 3.10 消磁回路理想化的场衰减速率与非补偿的腐蚀磁场的对比

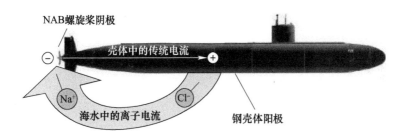

图 3.11 舰艇自由腐蚀的电流流经路径

电防护系统只能通过船体的钢壳上施加正电流主动补偿其 CRM 特征,同时防止其腐蚀。ICCP 系统的阳极满足正电流要求,并已广泛应用于保护大型刚壳体商用和海军舰艇。Diaz 等提出的一种边界元建模技术,可以用于优化舰艇 ICCP 系统阳极的数量和位置,以最大限度减少艇外电场特征[9]。原则上,可以通过研究类似的 Deamping 技术最小化舰艇的 CRM 特征。

3.4 闭环消磁

控制器校准后固定磁化保持不变的消磁系统称为开环消磁（OLDG）系统。舰艇的铁磁性船体和内部结构在地球磁场内航行时所经历机械应力是固定纵向磁化、垂向磁化和横向磁化特征变化的原因。OLDG 系统无法检测到这些变化并在舰艇航行时对此固定磁化电流进行补偿；然而，通过进入消磁区定期性地对舰艇磁特征进行测量，并且如果需要，可以通过更新固定磁化电流重新校准退磁系统，将固定磁场分量保持在合理范围内。

固定式和可移动式消磁站可以用于将舰艇的磁特征幅值维持在特定的范围内。在标准深度测量时，所允许的舰艇最大场振幅为检测限幅。如果舰艇的磁特征超过此限值（通常由固定电流的变化导致），则必须重新校准消磁系统，直到场幅值低于此限值。实践中，检测舰艇的频次取决于海军政策和其作业区域附近消磁区的可用性。

由于消磁系统的改进和特征限值的降低，在消磁区内进行的定期重新校准，不足以将磁场保持在检测限值以下，此时则需要一个消磁控制系统持续监测舰艇的固定磁化变化，并自动调整消磁电流设置以保持非常低的磁特征。这种类型的消磁控制称为闭环消磁（CLDG）系统。

可以通过给 OLDG 系统增加两个子系统将其转换为 CLDG 系统：第一个子系统包括遍布舰艇的大量磁场传感器，主要用于测量海上舰艇固定磁化的变化；第二个子系统是为消磁控制器（图 3.12）增加测量数据的采集和传递能力，消磁控制器读取舰上磁场的测量数据，并通过计算消磁电流的变化对磁场特征进行优化，然后对 OLDG 数据库中的固定电流设置进行更新。

CLDG 系统的运行过程如图 3.12 所示。首先读取舰艇上的磁场测量结果，并对其进行处理，以消除收集到的数据中可能存在的噪声和任何已知的干扰；其次将与舰艇的固定磁化变化相关的舰艇磁场推演为相当于消磁站标准深度处的艇外磁场变化（这一步是必要的，因为使用消磁线圈的目的就是将舰艇的磁场降低到标准深度上的限值，而不是将舰艇上或者壳体内部的磁场降低到标准量级）；然后将艇外固定磁特征的预测变化值代入方程式(3.5)，以计算为对消此变化所需的固定电流设置的变化；最后更新 OLDG 系统中的电流并重复 CLDG 过程。CLDG 系统更新消磁电流设置的循环时间比控制感应和涡流成分的 OLDG 循环慢得多。

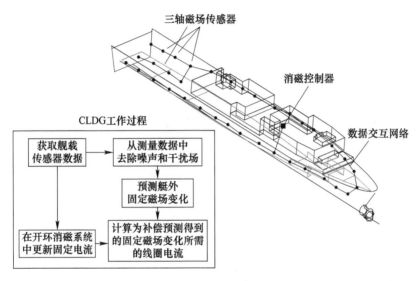

图 3.12　CLDC 的概念（图中传感器配置仅是为了示意，不代表真实的传感器安装位置）

显然，CLDG 系统运行的关键步骤是根据舰载测量结果预测艇外的固定磁场。以 CLDG 系统所要求的精度来完成这一操作会非常困难。舰载传感器位于舰艇通量模式的近场，并受到高阶源项的影响，然而这些高阶源项对标准深度的艇外特征贡献很小。这些高阶源项是需要大量舰载传感器防止空间采样场混叠的主要原因。目前，通过舰载测量数据预测艇外磁场特征的方法有等效源、经验和统计模型等方法，在此将讨论经验特征预测方法。

经验 CLDG 特征预测方法的原理是基于同时测量与舰艇固定磁化中人为产生的变化相关的艇内和艇外的磁场分布变化。将舰艇置于固定磁隐身设施内,如图 3.7(b)所示,沿着其中一个轴建立直流(DC)偏置场,同时进行退磁。该过程会迫使偏置场方向的磁化强度发生改变(图 3.13(a))。原则上,通过使用非均匀偏置场可以产生固定磁化的高阶变化。用 CLDG 系统的磁场传感器和磁隐身系统的水下磁通门磁力计阵列,同时测量与固定磁化强度变化相关的磁场的艇内和艇外变化。该操作的目的是人为生成一组舰上和舰外的磁状态矢量,这些矢量可以作为基准函数再现舰艇处于海上时的磁化强度的任何变化。

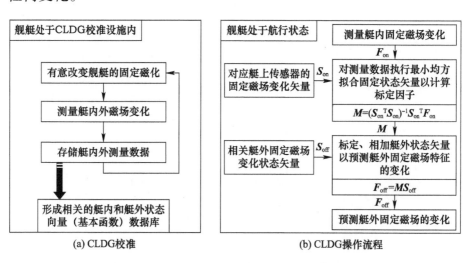

图 3.13 CLDG 系统的校准过程和操作流程图

在完成对所有固定磁场变化状态矢量的测量并存储在 CLDG 数据库中后,舰载控制器可以对处于航行状态中的舰艇固定磁化中的变化进行预测和对消。所使用的预测算法在图 3.13(b)中以数学公式的形式给出。从舰载磁场测量数据中去除掉噪声和干扰信号,并将其置于列矩阵 F_{on} 中。在系统启动时,加载校准时所采集的船上固定磁场状态矢量 S_{on},并使用最小二乘法以适应 F_{on}。计算得到的标定因子 M 接着被用于标定,并与系统校准过程中采集的艇外固定磁场状态矢量 S_{off} 加在一起。将艇外固定磁场的预测变化值置于方程式(3.5)中的最小均方消磁电流计算中,在 OLDG 消磁控制器中更新消磁电流设置,然后重复 CLDG 过程。

目前的研究致力于改进 CLDG 过程[10]，目的是减少舰载传感器的数量，并且如果可能的话，尽量在系统校准期间不占用舰船的任务时间，即在提高性能的同时降低系统成本和对舰艇的影响，提高 CLDG 系统的应用能力。

参考文献

[1] M. F. Schoeffel, A short history of degaussing, Bureau of Ordinance, NAVORD OD 8498, Washington, D. C., Feb. 1952.

[2] J. J. Holmes, *Exploitation of a Ship's Magnetic Field Signatures*, 1st edn. Morgan & Claypool Publishers, San Rafael, CA, 2006. doi: 10. 2200/S00034ED1V01Y200605CEM009.

[3] M. Norgen and S. He, Exact and explicit solution to a class of degaussing problem, *IEEE Trans. Mag.*, 36(1), Jan. 2000.

[4] K. R. Davey, Degaussing with BEM and MFS, *IEEE Trans. Mag.*, 30(5), Sep. 1994. doi: 10. 1109/20. 312681.

[5] F. LeDorze, J. P. Bongiraud, J. L. Coulomb, P. Labie, and X. Brunotte, Modeling of degaussing coils effects in ships by the method of reduced scalar potential jump, *IEEE Trans. Mag.*, 34(5), Sep. 1998.

[6] J. J. Holmes, *Modeling a Ship's Ferromagnetic Signatures*, 1st edn. Morgan & Claypool Publishers, San Rafael, CA, 2007.

[7] S. Twomey, *Introduction to the Mathematics of Inversion in Remote Sensing and Indirect Measurement*. Dover Publications, Inc., Mineola, NY, 1977.

[8] S. McLean (2007. Feb.). NGDC GEOMAG Version 6. 0 (10/2005). Geomagnetic Models and Software. National Geophysical Data Center, NOAA. Washington, DC. [Online]. Available: http://www. ngdc. noaa. gov/seg/geomag/models. shtml.

[9] E. S. Diaz, R. A. Adey, J. Baynham, and Y. H. Pei, Optimization of ICCP systems to minimize electric signatures, *Proc. Marine Electromagn. Conf.* (MARELEC 2001), Stockholm, Sweden, 2001.

[10] R. A. Wingo, M. Lackey, and J. J. Holmes, Test of closed-loop degaussing algorithm on a minesweeper engine, *Proc. Am. Assoc. Naval Engineers Conf.*, Crystal City, VA, 1992.

4 总　　结

通过改变海军舰艇的磁特征,降低其对水雷、潜艇以及监视系统可探测性的灵敏度称为磁隐身。在深水域,可以将海军舰艇的磁特征降低到海底水雷无法探测的水平,从而避免在冲突的初始紧要时间和军力资源要求阶段猎杀或扫除这些水雷。在浅水域,减少磁特征可以提升扫雷效率,这是因为降低舰艇磁特征会迫使雷场设计者提高水雷的灵敏度以维持所需的威胁等级。降低磁特征会减小雷场的有效密度,减少清理雷场所需的时间和平台资源,并降低后续舰艇航行的触雷风险。

目前,海军感兴趣的区域已经从深海转向沿海海域。浅水海洋环境所具有的声学挑战性使得通过电磁场特征探测潜艇变得愈发重要。另外,现在小型低功率磁场传感器已经可以部署在潜艇的水下探测屏障和有人驾驶或无人驾驶飞机中。以协同行为搜索模式控制的装备有磁异常检测(MAD)传感器的无人驾驶飞行器(UAV)群,可以监视海洋中的大面积浅水区域并对安静型潜艇进行探测。降低潜艇的磁特征除了可以降低水雷的威胁外,还会降低潜艇监视系统的探测灵敏度。

在超低频带有四种主要的磁源,其频率范围涵盖 $0\sim3\text{Hz}$,分别为铁磁性、横摇感应涡流、腐蚀相关电流和电力系统中流动的电流。其中,最重要的船上磁源,是由地球自然磁场与用于建造海军舰艇船体、内部结构、机械和设备的铁磁钢相互作用引起的感应和固定磁化;其次是任意导电材料感应的涡流,包括非磁性金属,如铝或不锈钢,主要是由舰艇在地球磁场内横摇产生的;再次主要磁源是电化学产生的腐蚀电流或阴极保护系统电流,其沿着舰艇在阳极和阴极之间流动;最后是由大型直流和交流电流在大功率发电机、电动机、开关设备、断路器和连接它们的配电电缆的电路中流动产生的。总之,几乎舰艇和舰艇系统设计的每个方面都会影响水下电磁场特征。

在尝试采用主动磁隐身技术之前,应尽可能在技术和成本的可承受范围内采用被动手段降低舰艇磁特征。例如,通过在结构中使用较少的磁钢,可以显著减少海军舰船的铁磁源强度。这种被动磁特征减少技术是通过减小舰艇的尺寸或使用具有低磁导率的材料(如奥氏体不锈钢、铝、钛、碳复合材料或玻璃纤维)实现的。碳复合材料或玻璃纤维具有显著低于其他材料的导电性,因此也会减少舰艇因横摇导致的涡流场。另外,减少电力系统中的电流流动引起的杂散场源,最好通过在设计阶段减小单个设备或电力子系统的磁场实现。在舰艇结构中使用电化学类似的材料,将涂料应用于暴露于海水中的不同金属,并尽可能减少阴极保护系统的电流输出,可以减少与腐蚀相关的电流源。与主动磁特征抵消系统相比,这些被动磁特征消减技术对海军舰艇性能和操作的影响要小得多。

若在采用被动磁特征消减技术之后仍不能满足舰艇对磁特征的要求,则可通过人为产生与残余磁场频率、幅值相同,极性相反的磁通,对任意磁场分量进行对消。消磁是首先出现的主动磁场对消技术,对其研究与开发起始于第二次世界大战,主要用于抵消海军舰船的铁磁特征分量。消磁系统由三轴电缆回路组成,当通以适当电流时,其将抵消舰艇由感应和固定磁化所产生的磁场。理论上,消磁系统还可以消减由电力系统产生的横摇感应涡流和杂散场产生的磁场;然而,作为磁源的消磁系统不能有效消除由腐蚀或阴极保护系统电流产生的磁场。使用电防护上系统可以主动减少与腐蚀相关的磁特征,该系统由位于船体上的外加电流阴极保护系统阳极组成,可以最大限度地减少与腐蚀相关的舰艇磁特征。

主动磁特征消减系统的主要缺点是需要实时监测海军舰艇源强度的变化并对抵消系统进行优化配置。调整主动系统中的当前设置以最小化舰艇的磁特征称为校准。主要通过在固定或可移动式消磁区内反复航行,或者将舰艇停泊在固定磁场传感器阵列的上方进行校准,同时改变系统设置以最小化艇外磁场来实现。

通常使用最小二乘化算法校准消磁系统。单独测量的环路效应形成一组基函数,用于计算确定环路电流的改变量,使磁特征的均方根幅值最小化。由于主动特征消减的校准过程中存在的数学病态特性,因此必须在求解中施加额外的约束以避免大幅度的振荡电流设置。如果消磁系统的校准计算不稳定,则过度设计的消磁系统可能会对舰艇造成重大不利影响。通常,会将最小能量约束结合到消磁系统校准过程中。

一旦舰艇经过校准并离开消磁设施,就必须在整个正常航行过程中对磁特征进行监测并尽量保持这种消磁状态。由于舰艇的感应磁化会随其在地球磁场内的方向的变化而变化,因此消磁系统控制器必须能够对其位置和方向进行监测。船体的横摇、纵摇、航向、纬度和经度会作为地球磁场数学模型的输入,以确定舰艇坐标系中的三轴感应场。具有非磁性上层建筑的舰艇可以使用安装在桅杆上的三轴磁场传感器直接测量感应场;然后,在校准期间建立的消磁回路电流会被标定到本地地球磁场,并以 $10\sim100Hz$ 的速率在系统中更新。原则上,如果测量或计算的是感应场的变化率,则也可以用舰艇的消磁系统抵消横摇感应涡流。对杂散场,由于可能的电路配置和负载会非常多,几乎不可能使用全船消磁系统对其进行实时跟踪和抵消。

海军舰艇固定磁化强度的变化是主要磁源中最难以使用消磁系统监测并保持良好补偿的。消磁系统的频繁校准和重新校准将防止固定磁特征偏离标准太远。然而,舰艇的任务要求通常会阻止其以期望的周期性对消磁系统进行校准。

闭环消磁系统可以监测海军舰艇固定磁化的变化,并在舰艇航行过程中实时自动重新校准消磁系统。闭环系统由大量舰载磁场传感器和与消磁控制器联网的相关数据采集硬件组成。控制器使用船上测量结果和特征预测算法对艇外固定磁特征的变化进行估计(磁特征外推是必要的,因为消磁线圈被设计成对舰艇下方特定深度处,而不是对船上的磁场进行最佳抵消）。然后将磁特征中的外推数据置于标准最小二乘算法中，以计算消磁电流设置中的变化以最小化舰艇外磁场。更新消磁电流设置后，重复该过程。

未来，磁特征消减技术的改进将侧重于降低系统成本以及减小对舰艇性能和操作性能的影响。短期内，高温超导消磁电缆的应用有可能将系统重量减少至原来的10%，成本降低到50%以下[1]。长远来看，被动磁特征消减技术不仅具有显著降低磁场量级和提高海军舰艇作战能力的最大潜力，而且可能是降低舰艇成本的最佳方法。水下电磁特征研究与开发（R&D）的最终目的是开发出可以使舰艇无法被水雷或监测系统探测到的磁特征消减技术。

参考文献

[1] High temperature superconductor degaussing system, Degaussing DataSheet, American Superconductor, 2 Technology Dr., Westborough, MA 01581, 2006.